神奇的自然地理百科丛书

创造和谐的大自然——自然保护区 2

谢　宇◎主编

花山文艺出版社
河北·石家庄

图书在版编目（CIP）数据

创造和谐的大自然——自然保护区.2/ 谢宇主编
. —石家庄 : 花山文艺出版社, 2012（2022.2重印）
（神奇的自然地理百科丛书）
ISBN 978-7-5511-0659-7

Ⅰ. ①创… Ⅱ. ①谢… Ⅲ. ①自然保护区－中国－青年读物②自然保护区－中国－少年读物 Ⅳ. ①S759.992-49

中国版本图书馆CIP数据核字(2012)第248528号

丛 书 名： 神奇的自然地理百科丛书
书　　名： 创造和谐的大自然——自然保护区 2
主　　编： 谢　宇

责任编辑： 梁东方
封面设计： 袁　野
美术编辑： 胡彤亮
出版发行： 花山文艺出版社（邮政编码：050061）
（河北省石家庄市友谊北大街 330号）
网　　址： http://www.hspul.com
销售热线： 0311-88643221
传　　真： 0311-88643234
印　　刷： 北京一鑫印务有限责任公司
经　　销： 新华书店
开　　本： 700×1000　1/16
印　　张： 10
字　　数： 140千字
版　　次： 2013年1月第1版
2022年2月第2次印刷
书　　号： ISBN 978-7-5511-0659-7
定　　价： 38.00元

前 言

人类自身的发展与周围的自然地理环境息息相关，人类的产生和发展都十分依赖周围的自然地理环境。自然地理环境虽是人类诞生的摇篮，但也存在束缚人类发展的诸多因素。人类为了自身的发展，总是不断地与自然界进行顽强的斗争，克服自然的束缚，力求在更大程度上利用自然、改造自然和控制自然。可以毫不夸张地说，一部人类的发展史，就是一部人类开发自然的斗争史。人类发展的每一个新时代基本上都会给自然地理环境带来新的变化，科学上每一个划时代的成就都会造成对自然地理环境的新的影响。

随着人类的不断发展，人类活动对自然界的作用也越来越广泛，越来越深刻。科技高度发展的现代社会，尽管人类已能够在相当程度上按照自己的意志利用和改造自然，抵御那些危及人类生存的自然因素，但这并不意味着人类可以完全摆脱自然的制约，随心所欲地驾驭自然。所有这些都要求人类必须认清周围的自然地理环境，学会与自然地理环境和谐相处，因为只有这样才能共同发展。

我国是人类文明的重要发源地之一，这片神奇而伟大的土地历史悠久、文化灿烂、山河壮美，自然资源十分丰富，自然地理景观灿若星辰，从冰雪覆盖的喜马拉雅、莽莽昆仑，到一望无垠的大洋深处；从了无生气的茫茫大漠、蓝天白云的大草原，到风景如画的江南水乡，绵延不绝的名山大川，星罗棋布的江河湖泊，展现和谐大自然的自然保护区，见证人类文明的自然遗产等自然胜景共同构成了人类与自然和谐相处的美丽画卷。

“读万卷书，行万里路。”为了更好地激发青少年朋友的求知欲，最大程度地满足青少年朋友对中国自然地理的好奇心，最大限度地扩展青少年读者的自然地理知识储备，拓宽青少年朋友的阅读视野，我们特意编写了这套“神奇的自然地理百科丛书”，丛书分为《不断演变的明珠——湖泊》《创造和谐的大自然——自然保护区 1》《创造和谐的大自然——自然保护区 2》《历史的记忆——文化与自然遗产博览 1》《历史的记忆——文化与自然遗产博览 2》《流动的音符——河流》《生命的希望——海洋》《探索海洋的中转站——岛屿》《远航的起点和终点——港口》《沧海桑田的见证——山脉》十册，丛书将名山大川、海岛仙境、文明奇迹、江河湖泊等神奇的自然地理风貌一一呈现在青少年朋友面前，并从科学的角度出发，将所有自然奇景娓娓道来，与青少年朋友一起畅游瑰丽多姿的自然地理百科世界，一起领略神奇自然的无穷魅力。

丛书根据现代科学的最新进展，以中国自然地理知识为中心，全方位、多角度地展现了中国五千年来，从湖泊到河流，从山脉到港口，从自然遗产到自然保护区，从海洋到岛屿等各个领域的自然地理百科世界。精挑细选、耳目一新的内容，更全面、更具体的全集式选题，使其相对于市场上的同类图书，所涉范围更加广泛和全面，是喜欢和热爱自然地理的朋友们不可或缺的经典图书！令人称奇的地理知识，发人深思的神奇造化，将读者引入一个全新的世界，零距离感受中国自然地理的神奇！流畅的叙述语言，逻辑严密的分析理念，新颖独到的版式设计，图文并茂的编排形式，必将带给广大青少年轻松、愉悦的阅读享受。

编者

2012年8月

目 录

第一章

福建省的自然保护区

一、武夷山自然保护区

1. 保护区简介

武夷山国家级自然保护区位于福建省武夷山市西南部，是武夷山脉的一部分，1979年建立，面积为565.27平方千米，境内最高山峰为黄冈山，海拔2158米，也是我国东南沿海各省的最高山峰。苍翠群峰，重峦叠嶂，以巍峨秀丽的景色赢得了“奇秀甲东南”“华东屋脊”的美誉，而且以丰富的物种资源成为“生物模式标本”的一个重要产地。武夷山山势陡峭，溪流沿峡谷迂回曲折，坡度都在30°～50°之间。山间盆地不多，耕地很少。亚热带常绿阔叶林是典型植被，原始或半原始林分布于距离居民点较远的地方。马尾松、杉木林等为半自然林。毛竹为人工林。高山地带主要为黄山松林。亚热带山地草甸属于次生林，分布在山体顶部或缓坡。在喜马拉雅地壳运动抬升以后的很长一段时期里，这里的地形发生了巨大的变化。在第四纪新的地壳构造运动的影响下，这个保护区的大片地区地面隆起。由于地面隆升的程度不同，造成了高低不同、差异悬殊的地形，从黄冈山顶峰到谷底，高差达1700多米。这个保护区是一片景色极美的地方。高山巍峨，奇峰俊秀，静静的河流和茂盛的森林，使这片内陆地带更加优美。这个保护区的地形因此而具有

云雾间的武夷山

几种基本的类型：断裂的山脉和孤立的山峰，河流不断侵蚀而形成的峡谷和山间小盆地。这种错综复杂的地形，造成了多种多样的生态环境，产生了种类繁多的动植物物种。

2．植物博物馆

温暖的气候、连绵的峡谷和众多的盆地，造成了这里包罗万象的原始天然生态系统，是中国中亚热带山地生态系统极好的典型代表。武夷山自然保护区里，树木、花草和灌木非常丰富，其种类之多，令人惊奇。其中有1815种维管束植物，代表着来自不同地理位置的各种植物。中国东南部面积最大的原始森林，在这里茁壮成长。亚热带阔叶常绿林是这里的优势植被，包含着温带和亚热带的植物。这说明，武夷山自然保护区是一个过渡地带，充满了来自泛北极植物区的典型植物和古热带植物区的典型植物，汇集着来自北方和南方的各种植物。参观这个保护区，就是参观来自北方和南方的生态系统。这里的硬木林，使人联想到北方的森林，而这里森林中的其他树木，却是典型的南方树种。

武夷山的天然植被，是中国东南部保存最好的天然植被。山峰上覆盖着大量各种类型的森林。这里95%的土地都森林密布，而且，这里的大部分森林都是原始林或者老龄林，代表着现存的面积最大、最为集中的亚热带常绿阔叶林，也是中国这类森林的典范。这里的许多森林和沼泽地，都还处于原始状态，尚未受到人类开发的破坏，有些树木，只在这里生长，别处没有。

亚热带常绿阔叶林，是武夷山自然保护区主要的森林，一年四季，枝叶茂盛，郁郁葱葱，覆盖着海拔1100米以下的低山坡，甜槠、丝栗栲、罗浮栲和几种栎树，在这类森林里占优势。高大的树木，形成茂密的华盖，遮蔽着林下的苔藓和蕨类植物。成熟的常绿树，像巨大的圆柱，耸入云霄。浓荫翠盖，遮天蔽日，只有云雾漂浮于树枝之间，只有很少的阳光能透过浓荫射进林内，却变成了一道道光柱，在林地上撒满了斑斑点点的阴影。林地上的灌木，十分茂盛。杜鹃花、兰花和其他野花，在茂密的蕨类植物和苔藓之中，竞相开放，色彩绚丽，布满林地。鸟儿在静寂的森林中歌唱，给幽静的林间景色，增添了活跃的气氛。

在海拔1100米～1700米之间的中山地带，由于气温下降，雨量增加，黄色的土壤上覆盖着厚厚的腐殖质，山坡上长满了针叶树和落叶阔叶树。最主要的树木是台湾松（黄山松）和南方铁杉。杉木、柳杉和马尾松也是常见的树种。这些树木，都高达数十米。针叶树弯曲的树枝和阔叶树茂密的枝叶，构成了枝叶交织、相互缠结的森林，林内一片浓荫，气候凉爽。

海拔1700米～1900米的狭窄地带，布满了以黄山松、柳杉和南方铁杉为主要树种的针叶林。一丛丛生长茂盛的灌木，点缀着林地。湿润的林地，为茂密的苔藓植物提供了极好的生长环境。这些苔藓植物覆盖着林地，在林地上行走，感觉软绵绵的，很有弹性。

在海拔1900米～2158米的黄冈山山顶上，气候发生明显的变化。由于气温下降，风速增大，这里的自然条件恶劣，对树木的生长十分不利。只有草本植物和亚热带山地草甸能适应这种恶劣的条件。因而，它们代替了树木，成为这里唯一的幸存者。

这些主要的植被类型中，分布着杉木林、马尾松林和竹林，其中有些森林，是人工营造的经济林。四方竹和矮竹是这个地区特有的竹种，生长茂盛。一片又一片的竹林，分布于不同的海拔高度，武夷山自然保护区因此也被称为“竹子之乡”。

武夷山的特有树种十分丰富。如被称为“活化石”的银杏，是古老的树种，在全世界的风景区里都有栽植。这里也有大量的闽楠和黄檀，都能生产优质坚硬的木材。黄杨树是武夷山的乡土树种，其木材适合雕刻手工艺品。

武夷山的阔叶常绿林中，生长着丰富的食用植物。大部分樟科植物的果实和叶子，是提取芳香油的原料。山茶科的红花油茶和油茶属的植物，可生产食用油。木兰科的大部分植物，都是很好的观赏植物，可用于装饰；其花瓣是提取香料、制作化妆品的原料。大多数壳斗科植物的果实含有淀粉，有的淀粉可以食用。有500多种珍贵的药用植物，在这里生长茂盛。

武夷山茂密的森林，哺育着种类繁多、矮小的低等植物，其中许多植物是人类生活不可缺少的植物。武夷山自然保护区里，生长着数百种真菌，其中多种真菌是营养价值很高的食用真菌。香菇、木耳和其他几种蘑菇，都是有名的美味食物，很多人都喜欢吃。灵芝、茯苓、冬虫夏草等，都是中国名贵的药用菌。有些天然真菌还是有效的天然杀虫剂，可防治森林和农作物害虫。

春天是草木新生、野花盛开、色彩斑斓的兴旺时期。火红艳丽的杜鹃花7月盛开，灿烂绚丽的花丛，在保护区路旁的野花中最为靓丽。还有许多野花，也在温暖的季节里竞相开放。初夏的时候，野花遍地盛开。到了盛夏，大量的荷花开满池塘。

3. 野生动物的庇护地

这个占地565.27平方千米的保护区，包含着壮丽的山川和河流，生长着非常多的野生动物。武夷山以众多的鸟类而闻名，这里共有400多种鸟。在春季迁徙期里，保护区的路旁到处是鸟。武夷山自然保护区的鸟类，占中国鸟类的

1/3，占这个保护区野生动物的大多数。卦敦是武夷山自然保护区里有名的地区之一，集中的鸟类最多。仅这一地区已经鉴定的鸟类，就有160多种，占这个保护区鸟类总数的1/4以上，其中白鹇、黄嘴角鹰、竹啄木鸟等40多种鸟，都是最近发现的新品种。白背啄木鸟和其他一些鸟，都是卦敦地区的特有品种。由于卦敦鸟种众多，所以被称为“鸟的王国”，

经常有数百只鸟聚集在池塘旁吃食，所以这里是观鸟最好的地方。翱翔的野鹰，时而飞过头顶。在森林里，可以听到啄木鸟不停地用嘴在树上敲击、探测害虫。中国科学工作者于1985年在这里发现了一种小鸟，叫蜂鸟，只有6厘米长，两克重，是世界上最小的鸟。

武夷山自然保护区以野生动物庇护地内野生动物众多闻名于世。这里聚集着71种野兽，100余种两栖动物、爬行动物和数量惊人的其他各种动物，其中有些动物是世界稀有种。因此，武夷山自然保护区是研究亚洲爬行动物和两栖动物理想的基地。大量的蛇，在森林里和草地上爬行。野鸡在林边昂首阔步，走来走去。野兽在森林里到处游荡。野猫以轻盈的脚步，悄悄地走过草地和灌木。獾摇摇摆摆，走过灌木丛。狐狸使劲地嗅着灌木，它那像勺子似的耳朵，不停地转动，似乎想探听到它要寻捕的猎物的声音。

松鼠是森林里常见的动物，它们在大树冠上筑起窝巢，主要以松子和嫩树枝为食。这些松鼠长着缨状耳朵、长且蓬松的尾巴，在林地上跳来蹦去。松鼠吱吱的叫声，有些刺耳，似乎对游人来侵犯它的地盘表示强烈抗议。野鸡的歌声，好像长笛。这些歌声和叫声，不时地打破森林的寂静。蜥蜴趴在岩石上晒太阳取暖。乌龟沿河岸爬行，懒洋洋，慢腾腾。华丽的蝴蝶，在野花上、河岸上和池塘边轻快地飞舞。这里的河流和池塘，都盛产鱼类，共有33种鱼。野鸭等迁徙的水禽，在水上筑巢。野雁也在清凉的水上繁殖后代。这些水禽不时地出现在河上和池塘里。

武夷山自然保护区集中着中国昆虫的最大种群。中国的昆虫共有

32个目，武夷山就有31个目，估计多达两万余种。大竹岚是武夷山自然保护区里另一个闻名之地，仅在这里就聚集着300多个科的昆虫，占全国昆虫总科数的1/3。由于这里拥有大量的益鸟和有益的昆虫，是害虫强有力的天敌，所以，武夷山的天然林从未遭受虫害。例如这里的益鸟和有益的昆虫以及几种野蜂，在杀除害虫方面，发挥着比杀虫药剂更大的作用，对这里森林的茁壮成长发挥了很大的效力。

武夷山自然保护区的蛇类非常丰富，所以也被称为“蛇的王国”。这里有56种蛇，包括15种毒蛇，估计约有1000万条。其中有些蛇，例如长节蝮蛇，是中国的特有种，这里也有种类繁多的无毒蛇，还有60余种蛇，是在武夷山自然保护区里发现的新种。设于保护区里的蛇伤医疗研究所，是中国成功地繁殖长节蝮蛇并收集和加工蛇毒的场所之一。这里繁殖并研究了数千条毒蛇和无毒蛇。数百个蛇伤患者，刚进入这家蛇伤医疗研究所时，伤势严重，但离开时已经康复。

由于武夷山地区曾经幸免了第三纪冰川的袭击，所以，大量古生代的物种，最重要的有50多种，幸存了下来，成了残遗种。1979年，武夷山自然保护区建立以后，将越来越多的珍稀动植物置于国家保护之下，包括华南虎、白颈长尾雉、金猫、猕猴、毛冠鹿和云豹等。

由于武夷山自然保护区具有丰富的动植物区系，并发现了大量的新种，因而，这个保护区已成为世界关注的动植物模式标本的产地。自19世纪晚期以来，这个保护区就向许多中外科学工作者和商人提供大量珍稀的动植物标本。武夷山自然保护区也是许多稀有和濒危物种最后的庇护地。在这里，特别是在这个保护区的卦敦和大竹岚地区，发现了600余种动植物新种。因此，武夷山自然保护区已成为世界公认的宝贵的生物标本采集地、新种的宝库，也是世界少有的物种基因库之一。

4．美丽的景观

武夷山自然保护区以极为美好的原始自然景观而闻名于世。包括美丽的河流，36座山峰，72个山洞，99座石岩，13个清泉和7个池塘。绿油油的农田和景色如画的村庄，给这个保护区增加了宁静之美。然而，最有名也最迷人的景色，还是那美丽的河流。它是武夷山自然保护区最有吸引力的景色，叫作九曲河。这条河共有九道弯，幽幽的河水，碧绿清澈，逶迤曲折，流过数十座奇峰悬岩和几十个翠岭幽谷。河流两岸，重峦叠翠，陡壁悬崖，风景荟萃，景色旖旎，吸引着游人。

这条河流虽然只有7.5千米长，但它那碧平如镜的河水却非常迷人，闻名遐迩。这条河流的奇特之美，在于它弯曲的河道。每一道弯都显示出不同的景色，展现出新的自然奇迹和独特变化。在这条美丽弯曲的河上漂游，仿佛置身于一个宁静幽寂的世界里。由于这里的景色非常迷人，因而，这里观光者一年四季络绎不绝。传统的竹筏，载着游人漂过河流，观赏河两岸引人入胜的景色。每道弯迥然不同的景色，激动人心，使人永远难忘。这条河流有着悠久的历史，也有许多美丽的传说。河水缓缓地流着，两岸景色如画。森林覆盖的小山，此起彼伏。粉红色的山峰，屹立在小山之间，峰顶上点缀着各种古代建筑。山峦、峡谷、盆地、平原和农田，构成一块充满自然奇迹的地方，中国只有很少的地方能与这里媲美。河流两岸，灌木葱郁，野花缤纷。绿玉色的河水在阳光的照耀下，波光粼粼。互不连接的山峰，挺立河畔，峰影倒映河中，非常清晰，重现了大自然的壮观。

第九曲展现着大量的美景，特别引人注目。玉女峰和大王峰屹立的地段，是武夷山自然保护区最精彩的部分，沿河的景色，最为驰名。这一景区，最易接近，也是这个保护区最壮观的地区之一。这座叫作玉女峰的最漂亮的山峰，很像一位漂亮姑娘，身穿粉红外衣，头戴绿色帽子，亭亭玉立在河边。在清澈的河水中，这座峰清晰的倒影，恰似这位漂亮姑娘正在照镜子。关于玉女峰有一段民间传说：相传很久以前，一个名叫大王的年轻小伙子，从很远的地方来到这里，领导当地人民抗洪。抗洪胜利后，他和当地人民一道沿河岸开垦了茶园，过上了幸福美好的生活。

有一天，天宫玉帝的女儿，名叫玉女，从这里经过，被这里美丽绝伦的景色深深地吸引。她从天宫下到这条河边，与这里的人民一道劳动，并爱上了那个年轻小伙子大王，然后嫁给了他。不幸的是，她父亲不同意她与一个凡人相爱，因为天宫的人嫁给凡人，是违背天宫法规的。玉女的父亲命令一个名叫铁板的天宫勇士，来到武夷，要将玉女的丈夫大王带到天宫，接受惩罚。玉女和铁板在河边打了起来。铁板施展天上的威力，将玉女变成了一块大岩石，站立河旁，这就是玉女峰。铁板接着将大王变成另一块大岩石，站立河对岸，这就是大王峰。这一对恩爱夫妻，被铁板用这条河分割了开来。玉帝为失去女儿而大怒，便将铁板也变成了一块石头，这就是铁板峰，赖在玉女峰和大王峰之间，使这对夫妻虽近在咫尺，却远若天涯，隔河相望，不能团聚。玉女峰下面的那个池塘，叫作浴香潭，传说是玉女沐浴的地方。玉女峰旁边的那块大岩石，叫作妆镜台，传说是玉女用过的梳妆台。

在第三曲的南边，屹立着一座陡峭的高峰，实际上是一座悬崖，叫作小藏峰。这座悬崖，距河岸数十米高的地方，有一些岩洞，里面存放着一些巨大的木制品，有一小部分暴露在岩洞之外。从岩洞上，可俯视九曲河。由于从河岸上仰望，这些木制品好像木船，所以，当地人将这些木制品叫作“木船”。在过去的年代里，有人曾想爬进这些岩洞，查看这些“木船”，但是都未成功。这些木制品到底是些什么东西，在很长一段时间里都是个谜，直到1978年，才搞清了它们的真面目。考古工作者从这座山峰上的一个岩洞里搬下了一只“木船”，才发现这只所谓的“木船”，原来是一口古怪的木棺材。这口木棺材，是用一整块木旋刻而成的，长4.89米，大约500千克重，里面装着一位男性老人的遗骨。考古学家们认为，这些木棺是3300年～3800年以前，由当地少数民族之一的古越族制作的，古代这个少数民族有这样的葬俗。由于古时这里经常发生水灾，这个少数民族将木棺存放在悬崖上的岩洞里，可能是为了将木棺保存在距洪水很高的地方，以免木棺遭到洪水袭击。这些木棺虽然已经风吹雨淋达数千年之久，但至今没有腐朽，保存完好。令科学家迷惑不解的是，在那远古时代，这些很重的木棺，是怎样被搬进这样高的岩洞里的呢？现在，游人可以到河边观看这些木棺，并欣赏其他壮丽的景色。

第四曲的河岸上屹立着一座山峰，叫作大藏峰。峰下有一片茶园，叫作御茶园。这片茶园生产的茶叶，品质优良，自1279年以后，就作为贡品献给皇帝。峰脚下有一个天然大水池，绿色的池水，清澈见底，是一个很好的天然游泳池。第四曲两边的河岸上，巨石林立。其中一块大岩石，叫作仙钓台，上面覆盖着葱绿的藤本植物。长长的青藤从岩石上垂落到河水里，很像古代仙人坐在钓鱼台上，放下长长的鱼竿，在河里垂钓。

第五曲的河岸上，点缀着一些有趣的山峰，人们按照每座山峰的天然形象，给每座山峰取了不同的名称。竹笋峰的形状，很像竹笋。天游峰的峰顶上，有一座亭子。站在亭里，举目观望，只见重峦叠嶂，山奇水秀，水光翠影，秀丽异常，周围的山水农田，尽收眼底。这些历史悠久、令人喜爱的乡村，远离熙熙攘攘的城市，使人产生遨游天空的感觉，所以，叫作天游峰。站在这块美妙的高地上，是观赏那壮丽景色的最佳地点。

第六曲的河岸边，有一座数百米的石岩，叫作晒布岩。长期的雨水侵蚀，在这座石岩上切割出许多距离相等的沟槽，几十米高，约一百米宽。从远处看，好像一条一条的布帛，在石岩上垂挂晾晒，这座石岩因此而得名。这座石岩的西边，一条小溪流入深谷。

穿过巨石组成的石门，你便来到一片美丽的世外桃源。这里每到春季，大片的油菜花盛开，遍地金黄，粉红桃花，点缀其间；成群的蜜蜂，在花上飞舞，发出嗡嗡的声声；鸟儿在花中歌唱；清澈的泉水，在花间流动。这些美丽的景色，为这里赢得了“人间仙境”的美名，吸引着川流不息的游人，使人流连忘返。

海拔754米高的三仰峰，屹立于第七曲的北岸。站在这座山峰

武夷山九曲风光

上，可以观望雄伟壮丽、绿波起伏的武夷山，连绵不断，伸向东方。

当河水流到第八曲的时候，河道突然变宽，豁然开朗，变化多端的景色，似乎在这里作最后的变换。河岸上有一块巨大的岩石，很像一只沉睡的狮子。这块岩石附近，另一块巨大的岩石，形似大象，将鼻子伸向河里。一条小溪，叫作流香涧，在天心岩西边的山谷中，蜿蜒而流。溪边长满了兰花、桂花和其他花草，散发着清香的气息。河水汩汩作响，微风轻轻扑面，使人舒适惬意。

如果乘着小筏顺流而下，可以游览沿河的景色，还能欣赏河流周围的乡村风光。

水帘洞是武夷山最大的山洞。一股大水从洞里流出，形成一条瀑布。瀑布从一座悬崖上奔泻而下，自然解体，变成了薄纱般的水雾，闪闪发亮，好像一条水帘，悬空而挂。这条水帘，跌落十多米长，构成了武夷山自然保护区里最高的一条瀑布。

夏季是武夷山自然保护区的第

一个旅游高峰。10月是这个保护区的第二个旅游高峰，那时，这里的阔叶林换上了秋色，所有的山坡满是金黄、鲜红和橘红色，其间点缀着尖形针叶树的深绿色，是观赏这里壮丽秋色最好的时间。沿着通向各个景点的小径，步行漫游，会给你在这个保护区愉快的旅游增添乐趣。来此一游，可看到许多独一无二、绝无仅有的美丽景色。

武夷山自然保护区通常气候温暖。从早春到深秋，都有渡船为游人服务。冬季也可载着游人沿河作景色旅游，只是出船的次数和开往的地方，都有所减少。

5. 文化遗址和古迹

武夷山有着悠久的文化史。在这个保护区里，有许多文化和历史建筑。古代许多有名的学者，来这里讲学；道教徒们来这里修道。古时这里有将近200座寺庙、大殿和宫殿，117座亭子、平台和楼阁，屹立在沿河的山峰顶上或山峰旁边。不幸的是，这些古代建筑现在都已消失，只有很少的建筑物和破碎的遗迹依然残存。这里保存得最好的建筑物之一，是古代一所学校的一小部分，南宋著名学者朱熹，曾在这里讲学年。

这里建有占地0.015平方千米的一片碑林，包含4个公园：风景园、宗教园、教育园和茶园。刻在石碑上的227篇作品，是从古代学者和作家的1500多篇关于武夷山的诗和文章中精选出来的。越来越多的古代建筑，正在恢复之中。

在武夷山，科学研究仅次于自然保护，居于优先的地位。这里各种不同的海拔高度、湿度和温度，温暖的气候和丰富的动植物物种，使武夷山成为中国最重要的科学研究基地之一。关于这里整个天然生态系统的植物演替类型和环境因子等，许多科学研究项目都在研究之中。物种和环境的观察及保护等更多的新研究项目，也正在进行之中。来自中国各地和外国的数百位科学工作者，每年来这里参加研究项目或作科学考察。由于这里保留着最美好的自然景观，并提供研究、教育的资料和项目，武夷山自然保护区已被联合国教育科学和文化组织列入了“人与生物圈自然保护区网”，并已成为世界自然遗产之一。

武夷山自然保护区实行将保护、研究和合理利用密切结合的政策。保护区位于一片集体所有的林区，这里居住着一万多户农民。这个保护区划分为两个区，在原始中心区里，实行绝对保护，禁止任何人为的破坏。在其他地区，允许有限制的利用，例如，有控制地发展茶叶生产，发展旅游业、养蜂业、竹器加工业及其他着重资源利用的企业，给当地居民带来利益。

二、万木林自然保护区

万木林自然保护区位于福建省建瓯市境内。地处武夷山东南侧低山丘陵地带，主山脊海拔556米，古称万木园，是一片神奇的古森林，植于元代，盛于明代。1980年建立自然保护区，面积为1.89平方千米。现在已经成为进行森林生态、植物演替规律、动植物资源等多学科的科学研究和教学实习的理想基地，同时也为保护物种、维护生态平衡等方面发挥了巨大的作用。

万木林原是一片人工林，经过历代封禁和自然演替，现在已过渡为中亚热带常绿阔叶混交林，主要树种有米槠、拉氏栲、沉水樟、木荷、枫树、观光木、杜英、花榈木，以及马尾松、杉木等。下木层有小乔木和灌丛。山的下部坡度较陡，中上部渐趋平缓。西侧山脚有一条溪流，切割较深，沿山谷由西北际村、徐坑和工区蜿蜒向南。在林区周围，丘陵起伏，原始植被被砍伐殆尽，代替的是人工松林和杉木林，并散生着一些次生性的阔叶树种。山间盆地不多，其中有居民点和农田。

万木林自然保护区是福建山地森林鸟类的重要栖息地。珍贵、濒危鸟类有国家一级保护动物黄腹角雉；国家二级保护动物乌雕、鹰雕、蛇雕、白腿小隼、白额山鹧鸪、白鹇等。

第二章

台湾省的自然保护区

一、太鲁阁自然保护区

1．保护区简介

太鲁阁自然保护区位于台湾省中东部，东临太平洋，面积为920平方千米，从北到南，延伸36千米；从东到西，长达42千米。

这个保护区以其密林覆盖的高山、高耸的悬崖和山峰以及深邃的峡谷而闻名。其中海拔高达2000多米的山峰，占这个保护区土地的一半。最有名的山峰，包括巍峨壮丽的南湖大山，高达3740米；峰顶覆盖白雪的合欢峰，高达3000多米；金字塔般的中央峰和陡峭嵯峨的奇莱连峰，构成复杂而雄伟的地形。天然的分水岭、奔泻的瀑布和清澈的河流，遍布各地，使这个绿意盎然的保护区，更加美丽，也构成其另一个显著的特征。

太鲁阁自然保护区是一片自然环境未受改变的旷野。峭壁悬崖，高耸入云，幽谷罅隙，深邃莫测。丰富的自然景观和文化遗迹，吸引着游人。这里迷人的主要景点包括：

太鲁阁：是这个保护区的管理处和游览中心所在地，提供关于这个保护区的详细资料。“太鲁阁”是泰雅族语，意思是“连绵的山峦”，是一块极好的高地。站在这块高地上俯视四周，各种壮丽的景色尽收眼底。条条瀑布，如一条条银链，以雷鸣般的响声奔腾直下，跌入深谷。屹立在山顶和悬崖上的凉亭，古香古色。站在其中，清凉之风扑面而来，使人精神为之一振。青山莽莽，此起彼伏，宛如绿色的海浪。在明亮的阳光下，站在峡谷的边缘，直往下看，会使人毛骨悚然。

长春祠：是为了纪念多年前为修筑中心岛公路而献出生命的工人们而修建的。祠旁钟乳石山洞里，奇石林立，雕镂百态，神奇壮观。一条瀑布从祠旁泼洒而下，水声轰鸣，空谷传响，雄浑磅礴。古代传统中国式的钟鼓塔，建于祠上。每天早晨，钟声迎接朝霞和游人；日落时，鼓声向落日和离园的游人送别。

布洛湾：是泰雅族语，意思是“回响”。这里曾经是泰雅族人的居住区，但是，后来变成了一个新的娱乐区。一座展览馆，展示并通过多媒体以各种方式向游人介绍泰雅族人的传统生活。其中有25间小屋，供游人过夜。还有一座吊桥，通向合欢老路，那里有两户泰雅族人，仍然按照他们传统的方式生活。

燕子口：是一个岩洞，位于陡峭的悬崖上。大量的燕子栖息其中，成群的燕子飞来飞去，往来穿梭。太鲁阁峡谷两边悬崖壁立如

太鲁阁巨石

栖息在树上的鸟儿

削，谷壑深不见底，令人望而生畏。这些岩洞是河流不断磨蚀而形成的。山洞里石头累累，是很久以前地球表面升起，水位上升，随流水进入洞中，长期积累而成。

慈母桥：由大理石构成，横架于合流河上。桥的两端，有两对大理石狮子，站在桥上，保护桥梁。桥下各种岩石密布，颜色各不相同。大理岩、绿片岩和白石英矿脉岩等，盖满河床，使河床五彩缤纷。

绿水：是一条河流，也是一个过渡带，展示着由进入岩层的普通石灰岩，变成变质的石灰岩。一座狭窄的桥梁架于河上，桥下绿水湍湍而流，河岸两旁树木葱茏。鸟儿栖息树上，歌声悦耳。

天祥：是塔比多人居住的地方。塔比多族是泰雅族部落的一个分支，他们曾经在这里居住。坐在这里的石凳上，可看到那些褶皱的岩石、锅穴、水纹和其他一些地貌，奇形怪状，气象万千。美丽的河流及其上面的吊桥，通向香德寺。

香德寺：屹立于青山的半山腰，周围树木环绕，花草茂盛。寺前一座尖塔，格外别致。香德寺位于中心岛公路上，环境优美，交通方便，设有旅馆、俱乐部、邮局、小吃摊和商店，是游人最喜欢停留的一站。

碧绿山：海拔高达2000米。一棵台湾水杉的古树，已经生长了3200年。现在高达50米，直径3.5米，枝叶茂盛，苍劲挺拔。站在碧绿山上俯视，重峦叠翠，丛林秀水，一望无际，景色迷人。

关原：这里最壮丽的景色，是“云海”。当气流顺着峡谷袅袅升起，水蒸气在这里凝结时，出现云海，变化无穷。大量白色的云团，像波涛汹涌，如海浪翻滚。由于气候宜人，所以这里是良好的避暑地。

大禹岭：海拔高达2565米，是中心岛公路上的最高点，高过其周围所有的山峰和公路支线。站在这块高地上俯视，脚下云雾缭绕，似乎有空中飘荡之感。

合欢山：雪在台湾十分罕见。这里却是台湾冬季雪层最厚、覆盖期最长的地区之一，是欣赏雪景和滑雪的好地方。冬季，这里的大地白茫茫一片，景色最稀奇，厚厚的白雪，好像白色的地毯，覆盖着高山和平地。阳光灿烂，白雪覆盖的森林，也闪闪发亮。这里有一座展

日落合欢山

览中心，展示着高山生态系统的情况，可使你对这里的高山自然资源有所了解。

莲花湖、李子园和竹村：景色迷人，一片寂静。莲花湖镶嵌在海拔1200米的高山上，是这个保护区里唯一的一个天然高山湖。湖水碧绿，平静如镜。站在李子园和竹村俯瞰，下面河流纵横，水绿如染。峡谷幽深，景色秀丽。6月和7月间来此一游，可品尝这里新鲜的桃子和梨。在这里逗留过夜，也很愉快。

文山温泉：给人们提供着舒适的健康疗养地。多种多样的地形，创造出多彩多姿的天然美景。日出、日落、浮云、雪景和雾景，景色如画，令人陶醉。旭日冉冉升起时，灿烂的阳光照遍所有的悬崖，照耀在山坡上和山峰上，其玫瑰色的光辉，将白云染成了红色。落日将天空染成了粉红色和金黄色，也给高山和悬崖涂上了美丽的色彩。

太鲁阁自然保护区位于海拔3740米的高处。由于受东北季风和高度潮湿的影响，其气温逐渐变化。早晨和雨季，常常有云雾笼罩着山峦，浓云围绕着悬崖，使山峰模糊不清，似乎所有的山峰都悬在空中。但是，云雾消散时，雄伟的山峰伸向蓝天，格外靓丽。景色美好，使人入迷。

离开拥挤的人群，进入森林的深处，那里恬静幽深，万籁俱寂，在这里你才能欣赏到这个保护区鲜为人知的景象。

太鲁阁自然保护区未受破坏的自然美景，吸引着无数的游人。

2．特殊的地形和地质

陡峭的悬崖，从峡谷的谷底，拔地而起。峡谷周围，岩层密布，河流交织，是这里普遍的景象。地质历史资料显示了这些高山、悬崖和深谷形成的过程：大约400万年以前，发生了菲律宾海洋板块的岛屿与欧亚大陆板块之间的剧烈碰撞，结果逐渐形成了古台湾岛。

连续的碰撞和挤压，使许多山峰骤然隆起，中央峰海拔高达4000米。高山隆起之后，河流侵蚀塑造了这里的地质地貌。

太鲁阁峡谷的形成，经历了许多步骤。

石灰岩的形成：在台湾岛出现以前，石灰质的沉积物已经沉积在大洋里了。随着时间的流逝，新的沉积物在老沉积物之上不断积累。此后，由于胶结及再结晶作用，这些积累起来的沉积物，就形成了石灰岩。

大理岩的形成：随着石灰岩的沉积，其他的物质一层接一层沉积在石灰岩上面，终于掩盖了石灰岩。经过很长的地质时期，在剧烈的压力和地热的作用下，产生出变质岩，将石灰岩转变为大理岩了。

大理岩的隆起：大约7000万年以前，海底的岩层被推高了，因此形成了许多高山，包括台湾山脉。同时，也使地平面上的大理岩层高高地隆起了。

大理岩的反复隆起：大约200万年以前，菲律宾海板块的火山岛和台湾山脉，受到了造山运动中板块运动的猛撞。在此期间，许多山脉被迫互相猛撞，最终被高高地推出了地面。因此，大理岩层也不断地从地壳的深层升高到地面了。

河流侵蚀切割成的峡谷：在过去数百万年中，雨水和河流将许多岩石侵蚀成峡谷。这些峡谷，在其周围许多山峦不断升高中，被切割得越来越深了。于是，在这里形成了许多数百米高的大理岩悬崖和陡峭深邃的峡谷。太鲁阁峡谷是由1000多米厚的大理石岩构成的，延伸10多千米长，就是这样构成的峡谷之一，也是世界上最雄伟的峡谷之一。

这个保护区里，最重要的河流是立雾河。它发源于合欢山和奇莱连峰，支流众多。这条河流及其广泛分布的支流，为这个保护区里2/3的灌溉区提供水源，也为这里极好的天然生态系统和迷人的自然景观提供滋养生命的用水。

这里奇石嶙峋，颜色各异。鲜红色、深绿色、深黄色和雪白色，将岩石和水装扮得色彩斑斓，如图如画。绿色、蓝色、浅黄色、白色或者灰色的大理石，不仅色彩纷呈，而且花纹斑驳，结构细致，看起来很像彩色的云朵和水彩图画，也像大自然精心制作的艺术品。这些美丽的颜色，都是由地热及其压力造成的。

陡峭的悬崖和深谷的墙壁，都由彩色的大理石装饰而成，甚至在大理石岩上修筑的公路路面也五颜六色。砂卡砀溪上的磁铁矿和绿色坚硬的地矿，以及立雾河上的沙子、金矿、石英岩和黄铁矿，都色彩各异，使这里的景观更加绚丽多彩。

3. 茂盛的植物

太鲁阁自然保护区植物丰富，完整无损，仍然保持着原始状态。它们随着不同的海拔高度而有所变化。从海平面到海拔3700多米，不同的海拔高度和多种气候带，产生了各种不同的植物。除了那些沙壤、海岸和离岸岛屿上的乡土植物以外，它们代表着台湾岛上的各种植被。1100多种本地的维管束植物在这里生长茂盛，其中57种，是稀有或濒危植物。

太鲁阁原生态自然保护区

海拔1500米以下的山上，覆盖着阔叶林，主要树种有水青冈、月桂和桑科的树种，如青冈、台楠和台湾榕。

海拔1000米～2000米的山上，茂盛的针阔叶混交林苍翠蓊郁，其主要树种有台湾扁柏、太鲁青冈和台楠。

海拔2000米～3500米之间的山上，原始针叶林密布，一片深绿，四季常青，其主要树种有台湾冷杉、台湾铁杉、云杉、松寄生和桑寄生以及各种竹子。这里气候潮湿，云雾弥漫，经久不散，树木和岩石上，都布满了地衣。杜鹃花和其他许多野花，开遍林地。

海拔3500米以上的高山上，岩石裸露，气候寒冷，每年有4个月，山顶上白雪皑皑。所以，寒冷高山和高原上的低矮植物代替了树木，形成一个没有树木的世界。其主要植物有圆柏、台湾小蘖、当归、高山杜鹃和高山柳叶菜等。

4. 丰富的野生动物

太鲁阁自然保护区的大部分地区，仍然没有受到人为的干扰。

这里有利的自然条件，为24种哺乳动物、122种鸟类、14种两栖动物、25种爬行动物、114种蝴蝶和5种鱼，提供着极好的栖息地。这里的许多野生动物，都为台湾所特有。

在海拔2000多米高的深山里，清澈的河流和泉水富产山椒鱼。这是一种两栖动物，它的颜色是不断变化的。一个时候是金黄色，而另一个时候却是奶黄色或者深褐色。它是一种古代鱼，从过去的冰川期里存活下来，在这里已经生活了数百万年。

鸫鸟在森林里飞来飞去，一掠而过。雪山蜥蜴趴在岩石上晒太阳，懒洋洋的，一动不动。黄鼠狼在高山草原上跑来跑去，鬼鬼祟祟。一些从古代存活下来的田鼠，如台湾白腹鼠和台湾姬鼠，都在这里的草地上，窜来窜去，探头探脑。野猪、小麂和台湾黑熊，在密林里游荡。台湾鬣羚、台湾岩猴和山羊，经常出没在山上和悬崖上。松鼠在林地上或松树上跳来跳去。台湾猕猴在树上嬉戏，或在悬崖上爬行。飞鼠在森林里滑行，从这棵树上飞到另一棵树上，轻松自如，十分有趣。这个保护区里有三种飞鼠：即白颊鼯鼠、大鼯鼠和小鼯鼠。

台湾的大多数鸟都栖息在这个鸟的乐园里。黑长尾雉和蓝雉羽毛美丽，都是台湾特有的鸟，也是世界上的珍稀鸟。环颈雉在林边走动，轻松自在，从容不迫。红头山雀、台湾蓝鹊和许多其他的鸟，都愉快地生活在这里。在竹子丛生的草地上，有一种羽毛鲜红的鸟，叫作酒红朱雀。它时而在树顶上盘旋，时而栖息在树枝上，吱吱唧唧，叫声不断，似乎在与它的伙伴们交谈。

成群的彩色蝴蝶，在野花上和林中小径旁翩翩飞舞，或者在湖泊和河流周围，特别是在神秘谷里和莲花湖旁，采蜜或者饮水。树蛙喜欢停留在河边的岩石上，其背部的褐色，与背景的颜色融为一体，使人和其他动物难以辨认，起着天然掩护的作用。蟋蟀在草地上跳跃，轻快活泼。它们用美丽的声音歌唱时，总是用其前腿不停地摩擦着它们的触角。其清脆的歌声，给这个保护区的夏季增添了活跃的气氛。

5．宝贵的文化遗产

太鲁阁自然保护区保留着一些文化遗产。其中有史前的遗址，如泰雅族（台湾的一个少数民族）原住民的传统文化和古今的道路运输系统。7个史前遗址提供了史前人居住的证据。太鲁阁遗址是最有名的古迹，由85块巨石组成，坐落于梯形地上，排列整齐。一些出土的石棺里，保存着一些古人的骨骸。有的侧身而卧，有的四肢屈曲，显示着2000年～3000年以前，即公元前期的文化。在7个史前遗址中，还发现了一些史前古迹，包括陶器碎片、石斧、石制的手纺车和铁制的用具等。

泰雅族部落，是台湾10个原住民部落之一，很久以前，曾居住在太鲁阁。在1680年～1740年之间，泰雅族人发现了中央山脉东部辽阔的旷野。然后，他们越过高山，在立雾河峡谷里定居了下来。在这个峡谷里，发现了79个泰雅族古老村庄的遗址。自从20世纪初期以来，他们迁出了立雾河峡谷，在平坦的地区重新定居了下来。因此，现在只有少数泰雅族人仍然居住在这个保护区里。

二、垦丁自然保护区

1．美丽的景观

垦丁自然保护区位于台湾省南端的恒春半岛，三面环海，东临太平洋，西临台湾海峡，南濒巴士海峡，背靠山峦和小山，具有复杂的地形，融海洋与山峦、沼泽地和平原于一体。这个总面积为326.4平方千米的保护区，包括多种多样的自然景观——珊瑚礁、海滩、岩石海岸、石灰岩台地、孤立的山峰、巨大的池塘、咆哮的瀑布、闪烁的河湾、清澈的河流和湖泊、山峦之间的盆地、平原、草地、沙丘和茂密的原始热带林。

恒春的意思是“永恒的春天”，这是这里宜人的气候的最好说明。这里，常年都像春天一样宜人，特别是爽朗的秋天，更使人清爽。这个保护区包括大部分的恒春半岛，是一个尚未受到人类污染的地区。

狭长的平原，伸展于垦丁自然保护区东部和西部之间，将保护区分为两部分。裙形的珊瑚礁分布于整个西部海岸。北部大部分土地上，青山连绵、峰峦叠翠。珊瑚礁台地和小山遍布于南部。地形多变，地质结构复杂。

垦丁自然保护区以其极好的天然美景，吸引着游人。辽阔的海滩，铺满白沙，沙软浪平。碧蓝的海水，清澈透亮，波光粼粼，浩渺无际。绿色的海岸，伸向远方。这些自然美景，使这里成为一个良好的娱乐区和人们喜爱的度假地。这里的风和沙，像变戏法一样，变出壮丽的景观。冬季，强劲的东北季风将白沙从海底吹向地面，推到70米高的高地上，堆起500米高的大沙堆。夏季的大雨，又将沙子冲回海里，形成广阔的沙河和沙子瀑布，从高地上滚滚奔泻而下，只有很少的沙丘，留在高地上。弯弯曲曲的海岸，被海水侵蚀成了锯齿形。岸上白色的海滩，像一条白色的缎带，沿着海洋伸展而去。无数的海鸥和其他的鸟类，叫声嘹亮，有时竟然湮没了海水的冲击声。它们常将头伸进碎石，寻找蛤蜊、螃蟹、贻贝和鱼。

富含石灰质的珊瑚架，构成一座座平坦的珊瑚礁，形如一块块高地，屹立在海岸线上。珊瑚礁上的一个岩洞里，多种多样、奇形怪状的钟乳石，垂垂累累，悬挂洞中。只留出一条狭窄的通道，除了少数过胖的游人以外，大部分游人都可以通过，进入洞内。这个半岛的东部和西部狭长的地带里，珊瑚礁林立。西岸的珊瑚礁，临海而立，海岸下遍布裙板状珊瑚礁。但是，东岸有隆起的珊瑚礁台地、石灰岩洞、沙河、沙子瀑布、悬崖和深坑。长期的风雨侵蚀，将这些悬崖雕塑成各种形状。隆起的珊瑚礁，海拔高达300米，地质结构特殊，形状千变万化，有石笋洞、仙女洞、银龙洞、伞形摊、栖猿崖、一线天和第一峡谷等千奇百怪的名称。珊瑚和石灰岩构成的岩层，在有记载的历史以前，受到地壳隆起的巨大压力，从海底伸出海面，形成各种形状。有一座珊瑚礁，叫作帆船岩，其形象酷似美国总统尼克松，是这里最有趣、最吸引人的景象。

其他独特的地质结构，还包括古老的天然湖。宜兰湖和郎卷湖，湖水清澈平静，周围树木葱郁，环境幽雅，风光绮丽。浩瀚无垠的海洋，碧波荡漾，浪花四溅；恬静辽阔的海滩，洁白如洗，软软绵绵，是这里最有吸引力的景观。每天早晨，旭日的光辉照射在海面上，金光灿烂，光彩夺目。在沿着海岸线延伸的路上漫步游荡，可欣赏大海和沙滩极美的景色。垦丁自然保护区是台湾的第一个自然保护区，建立于1977年，现已成为吸引游人的一个主要保护区了。来这里的大多数游人，都是只作白日游的旅行者。他们来到这里，在海滩上度过周末，在大自然里步行漫游，欣赏这里茫茫的旷野。这个半岛上的大部分地区没有汽车，使这个保护区远离城市的拥挤和喧嚷。保护区的一部分是汪洋大海，对许多潜水者和跳水者有很大的吸引力。娱乐区里，提供各种各样的设备，供游人娱乐。将提供观光和提供服务结合起来，使这个保护区成为一个既空旷又美丽的地方，一个海阔天空，百鸟齐集的世界。

随着潮水的升高，许多很小的海洋动物，如螃蟹、海蚌、蛤蜊和虾，常常被挤出海面，被海水冲上海岸。然后它们会急匆匆地从海岸上跑回海里去，否则，就被等候在海岸上准备饱餐一顿的燕鸥和海鸥狼吞虎咽地吃掉了。这里贻贝很多。游人沿着海滩漫游，常常会注意到，海浪将一些五颜六色的海鱼冲到沙滩上来。垦丁自然保护区具有山峦和小山、美丽的平原、巨大的岩石、蓝色平静的海洋、美丽的海岸和辽阔的海滩，景色如画，风光迷人，其自然美景，可以与夏威夷相媲美。

2．野生动植物的天堂

垦丁自然保护区属热带气候，拥有漫长的夏季和温和的冬季、充足的降雨量和各种不同的地形，适宜的自然环境使这里生长着种类十分丰富的植物。野花、灌木和树木的种类都非常丰富，形成一个良好的生物物种的基因库。来垦丁自然保护区一游，就是游览原始森林、海洋世界、湿地和草地生态系统。

这里的天然植被，由两种主要类型构成：即海岸植物群落和山地植物群落。海岸植物群落包括珊瑚礁植物，其代表植物是水芫花，它只生长在这个保护区里。海岸森林植物在垦丁和鹅銮鼻半岛之间的巴拿纳海湾周围生长茂盛。茂密的海岸森林，郁郁葱葱，将这里的土地装饰得十分美丽。其主要树种有棋盘脚树和莲叶桐，它们茂密的树叶，使海岸线阴凉舒适。靠近珊瑚礁的沙地和沙丘上，绿草茵茵。海滩野草或者叫作海草的根，如胶似漆，将沙丘黏结在一起，使之稳固，避免被海水冲散。几种海滩灌木，生长在沙丘线上。海滩豌豆可以食用，是当地人民很喜欢吃的一种野菜。海滨李子花色粉白，春天开放，十分漂亮，装饰着这个保护区；到了秋季，果实累累，可以食用。山地植物群落，包括海洋植物、草地植物、灌木和以水青冈为主要树种的原始森林植物。南仁山的季风林，是台湾500米的低海拔山坡上唯一存活的、保存完好的原始热带季风林。其中有1233种维管束植物，占台湾维管束植物总数的30%。其中锈叶野树牡丹、新木姜子和台湾红豆树，都是台湾特有的树种。这些森林，结构独特，在台湾其他地方未见生长。所有的山坡上，古树参天，苍翠葱茏，遮天蔽日。林地上的植被，种类极多，野花、灌木、苔藓和蕨类植物生长茂密。各种野兰花盛开，装扮得林地十分靓丽。在阴凉的华盖下步行漫游，倾听各种鸟悦耳动听的歌声，真是一种享受。垦丁自然保护区里的原始森林，是生长在高海拔上的珊瑚礁植物、热带雨林和季风林的混交林，林茂荫浓，景色壮丽。榕树翠盖庞大，根系发达，伸向四方，在珊瑚礁上互相交织，根网密布。垦丁自然保护区生存着15种哺乳动物；230种鸟，包括大量的迁徙鸟；59种爬行动物和两栖动物；21种淡水鱼和162种蝴蝶。这里的鸟，有个头大的海鸟，也有林地鸟和湿地鸟，占台湾鸟类总数的50%，也占垦丁自然保护区动物的大多数。在数万只迁徙鸟中，有7种野雁和多种水禽栖息在这里的湖泊、沼泽地和池塘里。恒春半岛为这些鸟类提供秋季和冬季安全舒适的栖息地。大约有70种鸟常住这里，包括黑椋鸟、喜欢站在牛背上的鹈鹕和小白鹈鹕。小百灵鸟和黄鹂最为珍贵，它们活跃于绿草茵茵的平原上，也经常栖息在一些果树上。数百只水鸟，聚集在池塘里，寻找食物。

在春季和秋季的迁徙期里，

这里的路旁、池塘周围、草地和沼泽地上，鸟群云集，密密麻麻。因此，垦丁自然保护区是当地观鸟者最喜欢去的地方。大量的野鸭和野雁也来到这里，有时数千只，在空中飞翔，浩浩荡荡，景象壮观。夏季，许多水禽带着幼鸟来到湖上。在繁殖季节，两只或三只毛茸茸的幼鸟，骑在母鸟的背上，或者躲在母鸟的翅膀下面，只将其小小的脑袋伸出母鸟的翅膀，向外偷看，十分有趣。垦丁自然保护区像台湾的其他地区一样，大型哺乳动物已经绝种。因此，这里的海岸上没有大型的陆地哺乳动物。但是，小哺乳动物，例如红腹松鼠、白颊鼯鼠、大灵猫、台湾猴、蝙蝠、野鼠、台湾兔、台湾野猪、麂和山羊，都是森林里、草地上和高地上常见的动物。狐狸、鹿和黑熊在森林里游荡。经常有一群一群的鹿从容不迫地从森林中走过，或在路边吃草。它们对游人已经习惯，似乎经过驯养。但是，还是应该与它们保持距离。在这里的养鹿场里，有大群的梅花鹿在茁壮成长，大量繁殖。许多猴子，互相嬉戏，向游人讨吃食；或者不顾游人的观望，它们伸出爪子，毫无顾忌地从游人的野餐盒里取出食物，拿来就吃。

这里温暖宜人的气候和常年盛开的野花，吸引着大量的蝴蝶。这里共有162种蝴蝶，大约占台湾岛蝴蝶总数的1/3。各种蝴蝶，色彩美丽。有些蝴蝶，个头很大，但数量很少，为垦丁自然保护区所特有。除了鸟类以外，蝴蝶在野花上、湖畔、池旁和河边翩翩飞舞，是这里第二种最常见的生物。

虽然这里充满宁静，但还不是万籁俱寂。森林里和草地上，鸟儿和昆虫的叫声，青蛙的合唱，松鼠和其他动物的叽叽喳喳，给这里的景色增添了活跃的气氛。百步蛇、带蛇、眼镜蛇和其他毒蛇也栖息在这里，数量很多。食蛇的乌龟，总是慢慢腾腾到处爬行，不声不响地寻找食物。垦丁自然保护区周围的海洋里，有着丰富的海洋生物，保护区也以其海洋生态系统而闻名。多种多样的海洋生物，包括丰富的虾、鱼、海蚌以及珊瑚等，构成这种海洋生态系统。236种硬珊瑚和大量的软珊瑚，筑起壮丽的海底景观，为1015种珊瑚礁鱼、146种海蚌、种类繁多的龙虾和螃蟹提供着良好的栖息地。珊瑚礁鱼色彩亮丽，花纹漂亮。

海里的134种海藻，有绿色、蓝绿色、棕色和红色，色彩纷呈。它们为许多海洋动物提供食物和栖息地，也给海洋世界增加了美丽的景色，在保持海洋生态系统的平衡中，起着重要的作用。所有这些海洋生物和海底珊瑚，都以其美丽的颜色，装饰着海洋世界，形成另一个世界里生机勃勃、色彩鲜艳、格外迷人的景象，也为潜水、跳水和钓鱼活动提供了极好的地方。

3．喜闻乐见的事物

垦丁自然保护区拥有11平方千米的大牧场，繁殖着良种牛、良种羊和良种马。台湾第一头试管牛就是在这里繁殖成功的。成群的牛羊在牧场上吃着嫩绿的青草，海鸥和其他许多鸟，在空中盘旋，构成乡村式的宁静。身临其境，你会感到从城市吵闹的声音中摆脱了出来，身心松弛、心旷神怡了。

森林娱乐区提供内容广泛的户外娱乐活动，也有20种极好的自然美景。在这里可以欣赏参天的古树、钟乳石山洞、银树的叶子和巨大的板根、长满榕树的大峡谷和迷宫林等天然奇景。从周围几个城镇甚至从台北市来这里游览，交通十分方便。条条瀑布从岩石上飞流而下，奔腾的流水，分解成一团团水雾，好像纱幕一样闪闪发光，或者变成一条条白色的缎带，悬挂在空中。美丽的野花和茂盛的荷花，点缀在蓝绿色的湖水和池水上。大量的水禽，在闪烁的阳光下游来游去。这些湖里和池塘里，鱼类丰富。湖旁的柏树，苍翠挺拔。树枝上覆盖着苔藓，水晶般的湖水，清澈见底。数米水下的鱼群，清晰可见。

4．珍贵的文化遗产

垦丁自然保护区具有吸引力，不仅因为它有美丽的自然景观，而且，也由于它丰富的文化遗产。1909年，在这里发现了60多处史前遗址和建筑物。主要的史前遗迹包括：

在古代台湾部落的坟墓里，发掘出大约4000年前制作的一些石棺。在鹅銮鼻的史前遗址中，发现了一些花纹细致的古代陶器，代表着2000年～2500年前旧石器时代和新石器时代的文化，显示着那些时代重要的技术发明。

在南仁山地区，发现了土族古代村落的遗迹。村落遗迹属于大约700年以前，约有60户人家，用石板建造的一些房舍排成四排。在这里还挖掘出房舍内的猪圈和室外祭坛的遗迹。

鹅銮鼻灯塔，是台湾十分重要的一座历史建筑，建于1882年。灯塔内有许多巨大的旋转电灯，其光辉相当于180万只蜡烛放出的光芒。这些光芒曾为无数的船只在茫茫大海中导航。垦丁自然保护区以严格的保护、科学研究、教育和娱乐为宗旨，划分为若干特区：

生态保护区：是为严格保护天然生态系统及其天然环境而建立的，只为科学研究而开放，不向公众开放。

特别景观区“保护那些特殊的、不能更新的自然景观。这些自然景观都受到严格的保护，禁止人类随意开发。

历史遗址区：保护着许多史前遗址和历史遗迹。

娱乐旅游区：是为室外娱乐和旅游业而建立的。为此修建了许多必要的设备，允许有限和适当地利用自然资源。

一般的经营管理区，涉及土地和水的经营管理及利用，包括上述各区以外的小村庄的经营管理和利用。

垦丁自然保护区将山峦与海洋、沼泽地与平原融为一体的复杂地形，为科学研究提供了一个方便的基地，适用于研究地质学和多种类型的自然生态学。这里多种多样的陆生植物和野生动物，以及十分丰富的海洋生物，都是研究陆地生物和海洋科学资料的珍贵资源。这里的处女林，可供研究原始植物的起源、演进和发展。这里的古代遗址，是研究史前和历史遗迹的根据。古代的房舍和陶器，为研究古代人文科学提供了宝贵的资料。

第三章

河南省的自然保护区

一、董寨自然保护区

董寨国家级自然保护区位于河南省罗山县南部，河南、湖北两省交界的大别山北坡西段。区内西部和南部地势较高，东部和北部地势较低，由南向北从中低山系渐变为低山丘陵区。东主峰大鸡笼海拔647米，西主峰鸡公山海拔744米，北主峰灵山海拔828米，南主峰王坟顶海拔840米，为最高峰。群峰耸立，傲然挺拔，山清水秀，环境幽静。1982年建立自然保护区，2001年晋升为国家级自然保护区，面积为93.3平方千米。

董寨国家级自然保护区内针叶林中马尾松、黄山松、杉木和柳杉等有大面积分布，海拔600米以下主要为马尾松林，海拔600米以上则普遍生长黄山松林。常绿阔叶林主要由青冈栎、青栲等树种组成，多沿沟底分布。落叶阔叶林主要有栓皮栎林、枫香林等。常绿、落叶混交林一般在海拔280米～380米之间，沿沟谷呈条状分布。针阔叶混交林在海拔600米以下。其中竹林有桂竹林、毛竹林、淡竹林和斑竹林等；灌丛有白檀灌丛、杜鹃灌丛等；山地草甸主要有芒、斑茅等。沼泽中有芦苇、菖蒲等；针叶林多分布在海拔较高的山上，占总林地面积的1/3左右。针阔叶混交林是树种最多、最复杂的地区。农耕地多在海拔较低的山间平原地带，四

河南董寨保护区内的昆虫

周有零星的小片草地。村庄多在山脚平坦地带，周围多为农田、菜地、人工林和小片竹林。此外，还有纵横的山溪河流和众多的堰塘水库。

董寨国家级自然保护区是珍禽白冠长尾雉和河南山地森林鸟类的重要栖息地。白冠长尾雉在我国《国家重点保护野生动物名录》中被列为二级保护动物；在《中国濒危动物红皮书·鸟类》中被列为濒危种。这种珍禽在我国从前数量较多，现在河北、江苏等许多地区已经灭绝，其他地区也非常稀少。董寨的种群数量大约有600多只，是白冠长尾雉数量最多的地区之一。

董寨国家级自然保护区内的珍贵、濒危鸟类还有白鹳、金雕、大鸨等国家一级保护动物；黄嘴白鹭、大天鹅、小天鹅、鸳鸯、凤头蜂鹰、鸢、苍鹰、赤腹鹰、松雀鹰、白腹隼雕、白尾鹞、鹊鹞、白腿小隼、红脚隼、燕隼、灰背隼、白冠长尾雉、斑尾鹃鸠、蓝翅八色鸫等国家二级保护动物。常见或易见的鸟类还有池鹭、白鹭、豆雁、针尾鸭、斑嘴鸭、绿翅鸭、雉鸡、白胸苦恶鸟、骨顶鸡、凤头麦鸡、普通燕鸥、岩鸽、山斑鸠、珠颈斑鸠、四声杜鹃、戴胜、黑枕绿啄木鸟、大斑啄木鸟、家燕、金腰燕、绿鹦嘴鹎、白头鹎、黑枕黄鹂、红尾伯劳、虎纹伯劳、北红尾鸲、斑鸫、黑脸噪鹛、黄腰柳莺、红头长尾山雀、大山雀、麻雀、白腰文鸟、暗绿绣眼鸟、燕雀、金翅、八哥、喜鹊、灰喜鹊、红嘴蓝鹊等。

二、宝天曼自然保护区

宝天曼位于河南省内乡县北部，是伏牛山中部的著名山峰，属于秦岭山脉东段，海拔1840米，山体巍峨，雄伟壮阔，森林茂密，物种繁多。素有“守八百里伏牛山之门户，扼秦楚交通之要津”的说法。1980年建立自然保护区，1988年晋升为国家级自然保护区，南北长15千米，东西宽11千米，面积为54.125平方千米。

宝天曼国家级自然保护区海拔1200米以下，以栓皮栎林为主；海拔1300米～1600米以锐齿槲栎林为主；海拔1600米～1750米为由华山松、锐齿槲栎组成的针阔叶混交林；海拔1700米以上有锐齿槲栎、坚桦组成的山顶矮曲林；在局部地段上还分布有山杨林、白桦林、红桦林、化香林、花楸林和槭类林。阔叶林在保护区内分布甚广，尤其是落叶阔叶树种，是森林植被的主要成分，广泛地分布于保护区各地的山坡或河谷处。针叶林主要是大面积的人工马尾松林、杉木林、油松林，以及小面积的华山松林、人工水杉林、日本落叶松和一些自然分布的油松林、华山松林、铁杉林等。灌丛常见的有胡枝子灌丛、黄花儿柳灌丛等。大片的萱草草甸分布在坪坊、宝天曼林区海拔1400米～1700米的溪谷边或山坡上。芦苇沼泽在坪坊、七里沟等林区的河滩或溪谷处有小片分布。

宝天曼国家级自然保护区是河南山地森林鸟类的重要栖息地。珍贵、濒危鸟类有黑鹳、金雕等国家一级保护动物；鸳鸯、苍鹰、赤腹鹰、雀鹰、红隼、红腹锦鸡等国家二级保护动物。其他常见或易见的鸟类还有池鹭、白鹭、绿翅鸭、绿头鸭、雉鸡、白腰草鹬、扇尾沙

自然保护区内的珍禽

锥、岩鸽、山斑鸠、珠颈斑鸠、四声杜鹃、普通翠鸟、蓝翡翠、黑枕绿啄木鸟、凤头百灵、金腰燕、绿鹦嘴鹎、白头鹎、黑枕黄鹂、红尾伯劳、北红尾鸲、黑脸噪鹛、画眉、红头长尾山雀、大山雀、麻雀、燕雀、金翅、灰椋鸟、松鸦、喜鹊、灰喜鹊、红嘴蓝鹊、寒鸦、大嘴乌鸦等。

三、三门峡黄河库区湿地自然保护区

三门峡黄河库区湿地自然保护区位于河南、陕西、山西三省交界处，河南省三门峡市、灵宝市、陕县之间。南、北、西三面环山，黄河横亘在山地丘陵上，海拔350米～900米，河道成沼泽、沙堤及季节性淹水沼泽地，平均宽3000米，某些地域可达5000米。1995年建立自然保护区，面积为30平方千米，是河南省最大的湿地自然保护区。

三门峡黄河库区沼泽湿地中生长有大量芦苇、白茅，伴生有香蒲、曼陀罗、苍耳等。丘陵山地上生长有灌丛及稀疏的刺槐、杨、

保护区内的白鹭

柳、泡桐等人工林。生境主要有四种类型。

库心开阔水面区包括库区水面及其附属水体。浅水嫩滩沼泽区为夏季泄洪后形成的沼泽和草甸湿地；老滩杂草农牧区是大堤外常年不被水淹的地带，河滩盐碱地还被大量开垦为农田；黄土塬及大堤内的丘陵山地。

三门峡黄河库区是水禽繁殖、越冬的良好栖息地。珍贵、濒危鸟类有丹顶鹤等国家一级保护动物；黄嘴白鹭、大天鹅、小天鹅、白尾鹞、鹊鹞、红脚隼、红隼、灰鹤等国家二级保护动物。常见或易见鸟类还有苍鹭、豆雁、赤麻鸭、斑嘴鸭、绿头鸭、绿翅鸭、鹊鸭、青头潜鸭、普通秋沙鸭、骨顶鸡、海鸥、银鸥、灰背鸥、岩鸽、家燕、麻雀、金翅、红嘴山鸦、秃鼻乌鸦等。

四、鸡公山自然保护区

鸡公山自然保护区位于河南省信阳市东南部。鸡公山是大别山地西端的一个著名的主峰，因形状似雄鸡挺立而得名，又名“报晓峰”，海拔764米，巍峨峻峭，雄伟壮阔。1982年建立自然保护区，1988年晋升为国家级自然保护区，面积为30平方千米。区内山势雄伟、瀑布飞泻、泉水四溢、山花遍野、森林苍翠、鸟语花香，被誉为“豫南绿色明珠”“生物宝库”，成为融保护、科研、教学、经营、旅游、环境为一体的综合性多功能自然保护区。鸡公山森林植被明显呈乔木、灌木、草本三层结构。乔木层建群种为栓皮栎、麻栎、槲栎、白栎、青冈栎、马尾松、黄山松、五角槭、野樱桃等；林下灌木主要有山胡椒、盐肤木、连翘、映山红、胡枝子等；草本层主要有求米草、大金鸡菊、羊胡子草、萱草、白茅等。由于垂直高度较低，各种植被类型面积较小，森林群落垂直分层简单。以松、杉为主的针叶林主要分布于武胜关林区及山下林区海拔400米以下地带。栎类为主的落叶阔叶林与常绿林混交带分布于红卫林区和山下林区海拔200米之间。灌丛草地群落主要分布于海拔650米以上的山顶、山脊和裸岩陡坡以及海拔400米以下的阳坡，呈小块零星分布。山下有3条河流，由于修筑拦水坝形成8处人工湖，沿河有一些较窄的卵石砾滩或河滩草甸，两岸有大片稻田。村庄、农田一般分布于保护区的周围，山上也散布有居民点和风格各异的别墅。

鸡公山也是珍禽白冠长尾雉和山地森林鸟类的重要栖息地，其种群数量大约有200只。鸡公山的珍贵、濒危鸟类还有黑鹳、金雕等国家一级保护动物；黄嘴白鹭、鸢、苍鹰、赤腹鹰、雀鹰、松雀鹰、红脚隼、燕隼、灰背隼、红隼、蓝翅八色鸫等国家二级保护动物；常见的鸟类还有雉鸡、山斑鸠、四声杜鹃、家燕、金腰燕、毛脚燕、树鹨、黑枕黄鹂、红尾伯劳、北红尾鸲、黑脸噪鹛、画眉、银喉长尾山雀、大山雀、白腰文鸟、金翅、发冠卷尾、松鸦、喜鹊、红嘴蓝鹊等。

第四章

湖北省的自然保护区

一、神农架自然保护区

1. 保护区简介

神农架自然保护区位于湖北省的西部，面积769.5平方千米。这个保护区以其茫茫的原始森林、许多世界濒危物种、极其丰富的药用植物和一些自然界的奥秘而闻名于世。

群峰矗立，高耸巍峨，森林密布，林海苍茫，构成这里地势地貌的显著特征。其中6座奇峰，陡峭嵯峨，海拔高达3000多米，是这个保护区最突出的自然景观，引人注目。大神农架峰是群峰中的主峰，海拔高达3052米，巍然耸立，雄伟壮丽，赢得了“中国华南第一峰”“中国华南的屋脊”的美誉。由于过去地层断裂的切割，这里谷壑密布，峡谷深邃。

森林覆盖的群峰，占这里土地的85%。绿色的林海，莽莽苍苍，伸向天际，景色旖旎。巨大的湖泊，碧平如镜，镶嵌在海拔1900米的山顶上，周围布满了天然牧场。清澈的河流，弯弯曲曲，流过高山和牧场。众多的瀑布，点缀在高山和群峰之间。

海拔较低的山峰上，森林主要由常绿树和落叶阔叶树构成，主要树种有山毛榉、栎树、杨树和桦树。海拔较高的山峰上，冷杉等针叶树和箭竹林密布。海拔3000米以上的山上，则布满了高山草甸。

在这里将近2000种的高等植

神农架的自然风光

物中，水青冈、领春木、连香树、鹅掌楸、大血藤和珙桐树等世界稀有、濒危的古老树种，在世界上其他地方处于绝种的边缘，而在这里却生长茂盛。紫荆、山楠、樟树和黄杨等许多其他经济价值很高的树种，也在这里大量生长。

这个保护区拥有大量古老、巨大的树木。其中最引人注目的是铁坚油杉。它是一种巨大尖形的树木，已有900多年的树龄，其树冠高耸入云，高达46米，直径2.38米粗。这种古老而粗大的树木，令人望而生畏。其树干需要5个人手拉着手才可以围住，真可谓是这里的摩天大树。

2．丰富的药用植物

神农架自然保护区是中国最重要的药草产地之一。这里出产的药草，品种最多，数量最大，自远古以来，就生产着最丰富的、著名的珍贵药草。这里的药用植物非常丰富，初步统计，有1000多种药草在这里茁壮成长。按照当地的民间传说，中国远古时代，最伟大的药草踏查者和研究者神农，曾在这里采集和发现了无数的药草新种，又因这里山高峰险，攀登困难，神农上山采药，必须搭架而上，这个地方，就因神农的名字而得名。神农架的意思，是神农搭架采过药的地方。这里还生长着大量十分珍贵、价值很高而且实用的药草，三七、天麻、湖北贝母、银耳和白鹤灵芝等，都产量丰富。中国粗榧和猕猴桃等药材，可防治癌症，在这里都可以采到。除了天然的药草以外，这个保护区还在新开扩的地区里人工种植了多种药草。现在，这里有30多家药草场采集和加工药草。

这里野花种类繁多。从6月到9月，野花遍地盛开。鲜红的杜鹃花、海棠花、野玫瑰、丁香花和将近100种兰花等，每到春季和夏季，将这里装饰得绚丽多彩，铺林盖地，清香扑鼻。这里生长着十多种杜鹃花，到了春季，一丛丛红色、蓝色、白色、紫色和粉红色的杜鹃花，开遍山边，铺满山坡，将漫山遍野装饰成缤纷灿烂的花的世界。其中几种杜鹃花，不畏严寒，生长于海拔2000多米的山上。当大雪纷飞，冰霜满山，其他野花经受不住这种严寒的恶劣环境时，这些

神农架的蛇菰

杜鹃花却顶着冰雪，傲然盛开。

神农架还是腊梅的故乡。1975年，在这里发现了大片大片的原始野生腊梅。其花形很像白梅花，但其金黄色的花朵，在寒冬盛开。其雅致的黄色，鲜艳斑驳，使冰雪覆盖的山峰变得靓丽。

每到秋季，这里的阔叶林变成了秋色，展现出特别烂漫、艳丽妩媚的秋叶。山边和山坡上，遍布金黄色、鲜红色和橘红色，其间点缀着针叶树的深绿色。

3．各种各样的动物

这里宜人的气候，复杂的地形，茂密的森林，茂盛的植被，大量的湖泊和河流，哺育着570多种丰富的野生动物，其中203种，是受国家重点保护的动物。在这里漫游，可以看到猴子、鹿、黑熊、野鸡和其他野生动物来来去去，到处出没。因此，这里也被称为野生动物的王国。世界罕见、中国特有的珍贵动物金丝猴，成群结队地生活在这里的森林里，靠吃松子、野果、树枝和野草生活。

近几年来，在这个保护区里发现了一些在科学上属于变态的动

自然生物

物，有人看到了13种白色的动物，有白蛇、白猴、白鹰、白鹊、白乌鸦、白獭、白熊、白鼬鼠、白鹿、白苏门羚、白蜘蛛、白蛙和白狐。这些白色动物的出现，在有关科学工作者之间引起了一场争论。但关于这些动物白化的原因，至今尚未取得一致的结论。

白熊栖息在神农架的原始森林和竹林里，生存范围较广，数量很多，以竹笋和野果为食。白熊看起来很像黑熊，但却与黑熊的习性没有相似之处。黑熊有冬眠的习惯，而白熊没有，即使在冰雪覆盖大地的时候，白熊照样遍地觅食。白熊像棕熊一样，能站起来，用后腿行走，但其肩膀比棕熊的肩膀窄。黑熊在空心树里或者在大树下的大洞里筑窝，白熊则在陡峭的悬崖裂缝

里，用细竹枝筑窝，与黑熊的窝完全不同。白熊比大熊猫更聪明，它能模仿更多人的动作，也能进行更多复杂的表演。

这里还有颜色奇怪的大鲵。神农架的大鲵，一般都是黑灰色或者深褐色。但最近几年，在这里发现了红、黄、红黄、白色和灰白色的大鲵。几年前在这里抓到的两条大鲵，在阳光下其皮肤闪烁着金黄色，与传统的大鲵颜色大不相同。

在这个保护区里发现的飞鼠，形状古怪。它的脸像狐狸的脸，眼睛像猫眼，嘴与老鼠的嘴相似，耳朵与兔子的耳朵相像，爪子像鸭子的爪子，而尾巴却像松鼠的尾巴。它善于爬树和攀登悬崖，也善于在空中滑行。由于其形状奇特，而且只产于神农架，所以，将它叫作神农飞鼠。

几年前，在这里还发现了一种无名的动物。它的头像驴，而身子很像狼，1.5米高，2米长，将近100千克重。因为很难给它取个适当的名字，所以，当地人管它叫驴头狼。

关于“野人”的消息，已经传播很长时间了，但至今尚未得出结论。一位中国科学家说，一些中国调查员在1997年夏季的调查中，在这个保护区海拔2600米高的无人居住区，发现了数百只大脚印。最大的脚印有37厘米长，其形状很像人的脚印，但比人的脚印大得多，而且与熊或其他已知的野生动物的脚印大不相同。从那些十分清晰的脚印看，这种动物大约有200千克重，2米高。1996年冬季，在这个保护区里也曾发现过类似的脚印。据初步判断，这些脚印是两只用双脚行走的动物留下的。许多当地人曾经亲眼看到一种动物，其形状一半像人，一半像猿，身材高大，没有尾巴，全身长满了棕红色或者棕黑色的毛。它能站立起来，用后腿行走，还能爬树。

从1995年到1996年，中国科学工作者在神农架西南部海拔2100米的山洞里，发现了将近1000件古代脊椎动物的化石，包括犀牛、大熊猫、貘、鹿、豪猪、野猪、豺、狼、虎、豹、熊、鬣狗、牛、羊、河鹿、黄麂、猕猴、竹鼠、野兔和鸟类的化石。此外，在这里还发现了古石器时代的30多件古老的石器。科学工作者认为，这些发现对研究第四纪中国南部动物群的进化和地区特征，提供了十分珍贵的科学资料，而且对研究古石器时代中国文化的地理分布和特征、古人对高山地区的适应性和他们居住区的地理分布，都具有非常重要的科学意义。

在这个保护区里还发现了一个间歇喷泉。这个喷泉位于一座僻静的悬崖下，周围是茂密的原始森林，人迹罕至。每天早晨六点半、中午十二占半和下午五点半，这个喷泉都会喷射出清澈、冰凉、甘甜的泉水，每次喷射持续30分钟。

1997年，在神农架海拔1400米的山顶上，发现了一个大湖，当地人叫它天池。这个大湖的面积为600平方米，其最深处有10多米深。湖上漂着一个大草团，有5米长，2米多宽。由于它能载着5个人在湖上划行，所以，当地人叫它“草船”。

4．独特的山洞

神农架自然保护区的山上和悬崖上，分布着许多山洞。每个山洞里都有许多各种各样的石块，形态万千，使人浮想联翩，很像各种精心制作的巨大雕塑。

鱼洞：一个山洞里，栖息着大量的鱼群，所以叫鱼洞。神农架的许多山洞里，都有清泉，泉水流出山洞，倾泻在比山洞只低大约一米的河里。每年夏季河水上涨时，鱼群随着与山洞一样高的河水一起游进山洞。由于山洞里冬天暖和，鱼群就在山洞里过冬。到了春季，鱼群又随着流出山洞的水游出山洞，回到河里，因为这时河水比山洞里的水暖和了。大量密集的鱼群争先恐后冲出山洞，真是一种壮观的景象。

燕子洞：在海拔2000多米高的山上，有一个大山洞，给大约有一万只密集的燕子提供了舒适的栖息地。燕子洞因此而得名。这些燕子，在山洞的墙上筑起许多窝巢，欢快、迅速地冲出山洞，又迅猛地飞回山洞。许多燕子在天空盘旋，时而飞向高空，时而俯冲直下，好像在做杂技表演。要想看清飞行的燕子，十分困难，但可听到它们吱吱的叫声和嗖嗖的飞声。

冰洞：冰洞位于地下20米的深

处，高10米。洞内遍布钟乳石和石笋，各种形象，奇形怪状，任人联想。洞内四季寒冷，即使在夏季，洞内的冰柱照样冰冻不化。

雷洞：有一个山洞叫雷洞。站在洞里，可以听到隆隆的雷声，吓得人浑身发抖。

风洞：还有一个山洞叫风洞。洞里冷风呼啸，狂吹不止，冻得人浑身哆嗦。

云海：云海是这里吸引人的景色之一。每天早晨，雾从谷底滚滚升起，云雾常常笼罩山坡，经久不散，使山坡模糊不清，而山顶却清晰可见。在云雾的笼罩下，似乎所有的山峰都悬在空中。冉冉升起的太阳，放射出灿烂的光芒，将云海染成了玫瑰色。

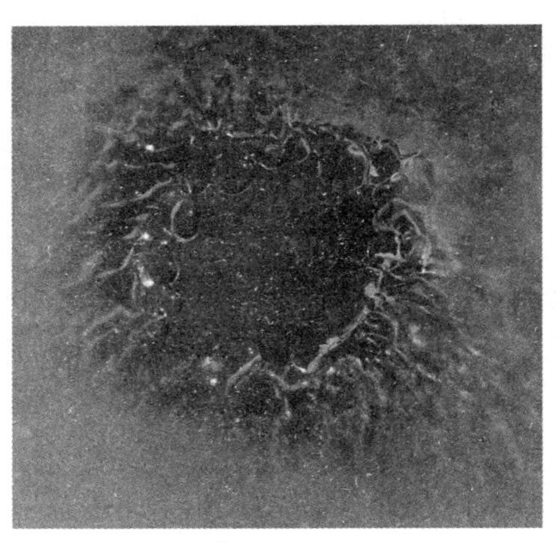

奇异的冰洞

潮洞：有一个山洞，洞里流出一股潮水，十分壮观。每天早晨、中午和晚上，潮起潮落达三次，所以，将这个洞叫作潮洞。

这个保护区的气候和景色都很宜人，即使在最拥挤的时候，也使人产生宁静幽寂之感，而且为游人提供了粗略了解这一地区自然历史的机会。神农架自然保护区的大部分地区仍处于原始状态，尚未受到人类开发的破坏。站在高处，俯视四周，欣赏那最迷人的景色；或者步行游览，观赏一两处你最喜爱的景点，你会忘记保护区外面的嘈杂。如果你喜欢在这里逗留较长的时间，那么，必须驻足观看的地方有历史展览馆、天池和几个山洞。此外，步行漫游和钓鱼，也很有趣。

神农架自然保护区处于中国的中亚热带向暖温带的过渡地带，汇集着亚热带、热带和温带的各种动植物区系。其明显的生物多样性和地区特征，使之成为一个科学价值非常高的重要地区。这里的406种脊椎动物中，有50种是受国家重点保护的一类和二类动物。在种类繁多的植物中，有39种受国家重点保护，其中包括许多已达1000年树龄的古树。这里丰富的珍稀、濒危和古老残遗物种，使这个保护区成为一个巨大的绿色宝库和生物基因库，为研究植被的生物多样性、典型性和自然进化，提供理想的研究基地。因此，这个保护区于1990年被联合国教科文组织接收为“人与生物圈保护区”的成员；1992年，被世界银行选进了“生物多样性保护”研究项目。许多研究项目正在进行之中。这里的一些奥秘，包括最近的一些新发现，还有待探索。

二、白鳍豚自然保护区

1. 保护区简介

白鳍豚自然保护区位于湖北省洪湖市，面积为135平方千米。区内小河密布，沿着长江蜿蜒而流。白鳍豚是中国特有的最珍稀的水生哺乳动物之一，也是世界上幸存的四种淡水豚之一。这里极好的生态环境，为白鳍豚提供了十分适合的栖息地。白鳍豚自然保护区建立于1988年，是白鳍豚的庇护地。2000多万年以前，它曾分布于地球上。中国关于白鳍豚的描述，可追溯到2000年以前。不幸的是，现在只有在长江的中下游才能看到，其种群数量也只有不到100头了。因此，世界保护联盟认为，它是世界上最濒危的动物之一，被称为“活化石”“水中的大熊猫”（意思是它像大熊猫那样珍贵和稀有），也叫作“国宝”，是中国国家重点保护的一类动物。

在这里，保护区的工作人员尽一切可能，非常精心地保护着白鳍豚。白鳍豚自然保护区也是一所特别的医院，为伤病的白鳍豚提供医疗，使它们得到康复。保护区的工作人员对伤病的白鳍豚，像对待幼儿一样给予特别的照顾。

由于多种原因，白鳍豚的种群数量急剧减少。繁忙的内燃机船只，在长江上川流不息，给白鳍豚造成干扰，使其栖息地正在缩小。人们使用滚铣刀鱼钩等有害的钓具，用电力设备钓鱼，用毒药和炸药毒害白鳍豚，更给白鳍豚造成了直接的伤害。长江里日益减少的鱼类资源，使白鳍豚的食物来源正在减少。沿长江修建的水利设施越来越多，破坏了白鳍豚的生态环境。长江里日益严重的水污染也威胁着白鳍豚的生存。

长江水面上漂浮着死亡白鳍豚的情况累有发生。1986年，长江里曾有大约300头白鳍豚。但是，到1993年，其数量下降为150头。最近的调查显示，只有不到100头白鳍豚了。一些中国科学工作者认为，天然繁殖白鳍豚即将不可能了。如果不及时抢救，白鳍豚必将在25年之内绝种。

2. 认识和了解白鳍豚

白鳍豚是一种大型水生哺乳动物，其身躯长达2米～2.5米，体重100多千克。它具有狭长的嘴巴，30颗～36颗牙齿，青灰色或者灰色的皮肤，白色的腹部。其脑袋的左上方有一个呼吸孔，每隔10秒钟～20秒钟浮出水面，进行呼吸。它是胎生动物，每胎生1头～2头幼豚。

白鳍豚是喜爱玩耍、形状优美和性情活泼的动物，也是速度很快的游泳者。它常常在水面上嬉戏，跳入水中，互相追逐，在水上翻筋斗，一般它会在水下度过大部分时间，包括在珊瑚礁周围游泳。它视力很差，对远处的东西看不清。但是，它具有根据回声定位和识别目标的特殊器官，使之能够觉察并识别远处发生的事情。它以鲤鱼为食，喜欢河水流动、江湖相汇、鱼类丰富的地区。使科学工作者感兴趣的是，白鳍豚长而尖的叫声、啸叫和呼噜声像是在互相交谈，告诉其伙伴们什么事情，或者表示它们的感情。但是，要想准确地了解其语言，却十分困难。

保护存活的白鳍豚，意味着将一种趋于灭绝的动物物种，从绝种的边缘上拯救出来。白鳍豚对研究水生哺乳动物的进化、白鳍豚与其生态环境之间的关系，以及白鳍豚与其他水生动物之间的关系，都有十分重要的意义。通过长期观察和研究，了解白鳍豚的语言，正像研究鸟类的语言一样，也是科学研究的一个课题。了解动物的语言，将提供一个彻底了解动物的途径。白鳍豚的皮肤具有特殊的生物学和生理学特征，对研究和应用水生生物学、仿生学、水声学和军事科学，都有极大的价值。

第五章 湖南省的自然保护区

张家界自然保护区

1. 壮丽奇特的山峰

张家界自然保护区四面高山环绕，是一个巨大的天然公园，展示着壮丽奇特、各式各样大自然雕刻的山峰。它位于湖南省的西部，面积为80平方千米。这个保护区独特的美景，是由石英砂岩构成的独特的地貌，高峰林立，峡谷深邃，喀斯特岩洞众多。数百万年以前，在漫长的地质时期里发生的地壳运动，在这里创造了大量的岩石山峰、大峡谷、大河、小河、湖泊、瀑布和温泉。其中85个具有巨大科学和观赏价值的天然奇景，是张家界自然保护区最精彩的部分。群峰叠嶂，峭壁万仞，峰峦起伏，直指苍穹，轮廓清晰，茫茫无边。它们与大量阴暗、宁静、深邃和狭窄的峡谷一起，构成庞大的迷宫，弥漫着神秘的气氛。

金鞭溪：是张家界自然保护区里最美好的自然景观之一。一溪碧水，清澈平静，从峰峦幽谷之中蜿蜒流过。两岸群峰历历，奇石林立，千姿百态，形象万千，如柱、如杆、如笋、如塔、如野兽盘踞、如卫士挺立。

金鞭岩：是一块巨大的岩石，高耸奇伟，顶天立地，很像一支矗立的金鞭，从很远的地方就可看到。周围环绕着无数高耸的砂岩崛崖，宛如莽莽的天然峰林，其中峭

金鞭溪

壁悬崖，奇峦异峰，雕镂百态，茫茫一片，气势磅礴。这些悬崖绝壁，从峡谷里拔地而起，高达100多米。临崖俯瞰，周围峰峦巍峨，森林密布，使人眼花缭乱。

这块土地，在过去的地壳运动中慢慢隆起。大雨侵蚀岩石，切割出巨大的峡谷和万丈深渊，将山峦溶塑成大量的山峰，如刀削斧凿，陡峭嵯峨，雄浑高峻。深谷邃渊，纵横其间。砂岩山峰，连绵不断，伸向天际。在蔚蓝色天空的衬托下，轮廓清晰。

十里画廊：是一个有名的地区，其中尖细的岩峰林立。一丛丛雄伟的砂岩，形如高塔。参差不齐的峰顶，此起彼伏，气象万千。在过去漫长的时期里，山坡上和大多数山峰上长出了许多树木。大量的针阔叶混交林，在奇石岸崖、开阔的沼泽地、水晶般的河流和咆哮的瀑布衬托下，显得更加壮丽。这些景色如画、令人惊异的景观，似乎是由绘画大师绘制的各种奇形怪状的图画，展览在这个巨大的天然画廊里。所以，人们称这一地区为十里画廊。

黄狮寨：是一座山峦，屹立

张家界黄狮寨风光

于大量悬崖绝壁之上，形似雄狮，故名黄狮寨。一块台地坐落于海拔1100米高的山顶上，站在这块台地上俯视周围，雕塑遍布，群峰刺天，景色如画。在明亮的阳光下，站在崖边直往下看，令人有如仙似佛的感觉。

西海：石峰林立，巨石密布。乍看起来，颇像滚滚的云海，或者参天的林海。事实上，这是2000多座灰色尖峰，密集成群，奇形怪状，高耸入云。一丛丛高峰，形如尖顶圆柱，都是受到雨水严重侵蚀而形成的砂岩峰，从谷底伸向天空。参差不齐的石峰，好像大海里翻卷的浪花，在缭绕的薄雾中时隐时现。大约300万年以前，这个地区曾是一片汪洋。在喜马拉雅运动即地质新生代造山运动中，大量的砂岩被推出了海面，出现了这些高耸的山峰。这些山峰下面，有一层2000米厚泥盆纪的页岩。流水将这些岩石冲刷和侵蚀成大量高峰，形如凿刀。在过去漫长的侵蚀过程中，创造出了这里独特的自然美景。

猴头峰、花瓶峰：猴头峰、花瓶峰和其他许多有名的山峰，有的傲然孤立，有的密集成群。或散或聚，风格各异。许多奇形怪状、各种形象的山峰，任人浮想联翩。如猴头，如花瓶，如绿林，如奔腾的瀑布，如滚滚的河流，如过河的骆驼，如吼叫的老虎，如石头凉亭，如仙人迎客，如采药老人，如姑娘拜佛等。

有些高山顶上，有大片台地，站在这些台地上，雄伟的群峰尽收眼底。有一片台地，叫作天台，由海拔1000多米高的两块台地组成。东台底下，巨岩林立，松树挺拔。站在这块台地上，可观看日出。站在西台上，可俯视西海。成千上万座雄奇险秀的笋峰，浩浩荡荡，一望无际。

天池镶嵌在一块叫作“奇美之地”的地方，群峰环绕，森林茂密，环境静谧，景色如画。湖水清澈平静，适合荡舟，向游人提供一种特别的享受。一座悬崖上，凿有331阶石台阶，颇像一条梯子悬在空中。抬头仰望，会使人眼花缭乱，心情紧张。

2. 神秘的山洞

张家界自然保护区有着众多的喀斯特岩洞，以其多种多样、深幽奇特的美景而吸引游人。最有名的是黄龙洞。它是一个十分巨大的岩洞，面积为0.2平方千米，深达10多千米。洞中钟乳石悬晶垂玉，色彩斑斓，各种形象，稀奇古怪。龙王宫面积达一万多平方米。神仙阁、石磬山、神水、水晶宫、响河、迷宫和许多其他奇形怪状的形象，布满洞中。大量的钟乳石和石笋，形状神奇，闪闪发亮，如巨柱、如旗帜、如瀑布、如布匹、如帷幕、如旗杆、如树枝、如花朵、如巨龙等。有些石柱，轻轻敲击，就发出悦耳的声音。所有这些奇异而美丽的形象，都是在过去漫长的地质历史时期里，由富含矿物质的水慢慢滴铸而成的。雨水渗入岩石缝里，从砂岩中流过，逐渐溶化了岩石，切割出许多巨大的长廊。钟乳石、石笋和大自然精心制作的滴水石，都是含有矿物质的水流进洞里，由矿物质的沉积物构成的。

张家界悬晶垂玉般神秘的岩洞自然景观

艺术性强的洞穴里，形象更多，更加迷人。有两个巨大的洞穴，分别叫作玉皇洞和清泉洞，都是由8个岩洞构成的。其中许多神仙、魔鬼和人的形象，雕塑于清代，形象逼真，栩栩如生，至今保存完好。

有无数的燕子，从岩洞里冲出来，又飞回洞里去，来去神速，如电如梭，飞声嗖嗖。许多燕子在洞顶上盘旋，还有一些，在空中时而高飞，时而俯冲，似乎为游人作飞行表演，令人喜欢。

3．令人惊异的瀑布

来自大河和小河里的水，奔腾而流，喷泻在悬崖上，形成许多瀑布。在阳光的照射下，长虹悬空，色彩艳丽。

万条瀑布：是这里的大瀑布之一，从300多米高的台阶上，沿着陡峭的山坡飞跃而下。在奔流过程中，飞越高低不同的台阶，使流水起伏不平，很像一条条白色丝带悬在空中。

南天飞雨：一股河水，从60米高的悬崖上奔涌而下，跌入深谷，腾起团团水雾，好像蒙蒙细雨，飞洒空中。

六月雪：一条瀑布，从100多米高的悬崖上飞流而下，水花四溅，好像雪片纷飞，飘于空中，在阳光照耀下，五颜六色，闪闪发光。

天宫银河：是这里最大的瀑布，70米长，6米宽，从一座悬崖上滚滚而下，落入深谷，形如缎带，好像一条银河，从天而降。

4．珍贵稀有的古老树种

张家界自然保护区气候温暖，雨量充足，生长着种类繁多的植物。茂密的原始林，由各种树种组成。木本植物有500多种，其中鸽子树、银杏、长苞铁杉、南方红豆杉、香榧和鹅掌楸等数十种，都是中国特有的珍贵稀有的树种。黄连、党参、细辛和许多其他的药草等将近100种，在这里茂盛生长。因此，中国在多年以前就建立起张家界自然保护区，这也是中国第一个森林自然保护区。

张家界自然保护区为27种野兽和41种鸟提供了良好的栖息地，常见的和最多的野生动物，主要有麝鹿、岩羊、豹子、黄麂、穿山甲、红腹锦鸡、黄腹角雉和大鲵，至少由300只猕猴组成的猕猴群。到这里的猕猴养殖场里一游，观看正在嬉戏的猴子，会给你在这里的游览增添乐趣。

张家界自然保护区里，由石英砂岩峰林、深谷和喀斯特岩洞组成的天然原始生态景观，是大自然精雕细刻的奇迹，在中国和全世界都十分稀有，对研究这些地貌的形成和变化具有很高的科学研究价值。这里的天然岩石，为研究石英砂岩峰的地质结构，提供了极好的材料。具有泥塑像和石雕像的岩洞，可供研究岩洞、雕塑和古代艺术科学。由于张家界自然保护区在自然保护和科学研究方面具有重大的价值，因此，1996年被联合国教科文组织列入了《世界自然遗产名录》。张家界自然保护区具有现代化的食宿交通设施，已成为中国游人最喜爱的旅游胜地之一。

5．可怕的岩石桥

最危险的桥：这里有一座天然岩石桥，长40多米，宽1.6米，是由一万吨重的一块巨大的砂石岩组成的。它高达100米，横跨在一条深谷之上，谷底深不可测，两边山峰高耸。站在桥上俯视，使人眼花缭乱，胆战心惊。因为它看起来摇摇欲坠，所以，只有一些非常胆大的人，才敢从桥上走过。因此，当地人将这座桥叫作中国最危险的桥，虽然它有着“仙女桥”的美称。在过去漫长的历史时期里，岩石受雨水的雕凿和风力的侵蚀，形成了这座险桥。

叽咯桥：是一座由砂岩组成的小桥。桥下的河流常年发出叽咯叽咯的声音，十分悦耳。站在桥上倾听，好像河水在演奏动听的音乐。

6．间歇喷泉和温泉

夏夕村里，一条河边，有一个间歇喷泉。它每隔20分钟向空中喷出热水，每次喷射持续5分钟～6分钟。

还有十多个温泉，分布于这个保护区里。水温为30℃～60℃，泉水清亮，热气腾腾，为周围许多公共浴室和宾馆提供热水。

第六章

广东省的自然保护区

一、海龟自然保护区

海龟自然保护区位于广东省惠东县的海龟湾里。它是中国为保护绿海龟而建立的第一个也是最重要的一个保护区，拥有中国绿海龟最大的种群和大量集中的绿海龟。保护区三面环山，一面是辽阔的海滩，面向大海。8平方千米的地区内，具有温暖的亚热带气候和充足的降雨量，布满沙子的海滩，浩渺无垠的海洋和郁郁葱葱的山峦，风光旖旎。海岸后面，森林茂盛，是一片十分隐蔽、不受干扰的原始环境。这个地区布满了白色柔软的沙滩，沙滩与海洋之间灌木丛生，一片葱茏。因此，茂盛的灌木林是这个地区与大海之间的天然屏障，保护着海龟的营巢地，使之不受海浪的连续猛击，而且，雨水在海滩上形成了许多淡水池。

世界上有7种海龟。常见的有绿海龟、玳瑁、蠵龟和棱龟。其中，棱龟是世界上最大的海龟，其龟壳可达2米宽，体重达150千克。其巨大的巢穴，足够存放一辆小汽车。在世界上7种海龟中，中国就有5种。

海龟自然保护区养育的绿海龟通常1米～1.3米长，体重100千克。它以鱼、海草、蜗牛、软体动物为食，有时也吃它能够抓到的别的动物。由于绿海龟是某些动物捕食的对象，所以，它的生活面临着很多危险。绿海龟喜欢在亚热带地区的海滩上筑巢。雄的和雌的绿海龟，在生理上和习惯上有着显著的差别。雄绿海龟具有长长的尾巴，而雌绿海龟的尾巴很短。雄绿海龟从蛋壳里孵出、去到海里以后，永远不再返回其出生地，即海滩上。而雌绿海龟却每年返回其出生地一次，到海滩上产蛋。雄海龟和雌海龟在10多米深的海水里进行交配，其交配持续3小时～4小时。在中国，每年4月～10月，雌海龟在夜间从海水里爬到布满柔软深厚的沙子和灌木的海滩上，在沙子上挖出40厘米～50厘米深的洞穴，在这些洞穴里产蛋。每只雌海龟在每个洞穴里产90个～150个蛋，然后，用沙子将蛋覆盖起来，靠阳光的温度孵蛋。龟蛋外面包着一层黏液，形成保护层，防止龟蛋里的水分蒸发，保证胚胎正常发育。如果龟蛋没有被海鸥、其他抢夺者或者人类偷猎者抢走，在50天～70天之后就可孵出幼龟。母龟在其巢穴里产了蛋，并将蛋用沙子掩盖起来，大约一个多小时之后，就按照它登陆时的同一方向和相同的路线返回海里去。

海龟对其营巢地十分挑剔，由于它们总是利用其祖先很久以前严格选择的传统的营巢地，所以，每年海龟自然保护区吸引着1000多只雌绿海龟来这里，产下数千只甚至上万只龟蛋。

为了保护绿海龟，海龟自然保护区将在海滩上孵出的幼海龟饲养很短一段时间，然后，每年将幼海龟放入大海。当1000多只幼小的绿海龟被同时从塑料桶里放入大海时，它们争先恐后、迫不及待地爬向大海，它们本能地朝着同一方向奔向大海，似乎它们刚被孵化出来就已知道大海是它们的家园。霎时，海滩上布满了幼小的绿海龟，密密麻麻，斑斑点点，宛如许多绿色的小铁饼，向大海移动。不到两分钟，所有的幼海龟都进入了大海，也就是它们的家园，开始了它们的海洋生活。它们识别航行方向的能力很强，即使将它们转回海滩的方向，它们也能毫不犹豫地立即转过头去，奔向大海。这是最感人、使人心情激动的场面，也是永远难忘的经历。

许多雌性独行动物，在它们

的子女出生后一段时间里，都会陪伴其子女，使其子女享受到母亲的保护和训练。但是，雌绿海龟与那些雌性独行动物不同，幼绿海龟一开始就单独生活。因此，从出生开始，它们就必须自己照料自己，自己谋生。目前，我们只能说，不是别的东西，而只是它们的本能，指示它们行动的方向，所以，它们能够准确地找到它们的目的地。当它们长成的时候，能够找到它们的出生地，在那里播种下一代的种子，与其祖先的所作所为一模一样。

绿海龟是性情最温和、也最温顺的动物，它从不攻击别的动物。绿海龟没有任何自卫的武器，所以，总是沦为天敌的捕获品。当它受到攻击时，只能将脑袋缩回龟壳里，而且保持不动，以此进行自卫。当它落到天敌手中时，这种自卫的办法对它的安全毫无帮助。因此，它很容易遭到捕杀，但对它进行保护也很容易。中国的海龟，也像世界上其他地区的海龟一样，由于受到海鸥、哺乳动物和螃蟹等天敌的大批屠杀，因而遭受着威胁，并处于绝种的边缘。栖息地遭受破坏，海水的污染和缺少食物，也是危害绿海龟的一些原因。因此，它们被列入了濒危物种，在全世界受到保护。

绿海龟不仅有重要的科学价值，而且也有可观的经济价值。

从绿海龟的脂肪里，可以提取很好的油料。其腹甲可以加工出胶料，是一种上等补药。

它的爪子、油、血、肝、胃、胆囊和蛋，都是珍贵的中药材。因此，天敌和猎人的攫取，都使绿海龟的种群大大减少。中国绿海龟的危险处境，已引起中外生物工作者和自然保护工作者深切的担心和密切的关注。保护绿海龟，已经成为一项刻不容缓的任务。

海龟自然保护区于1985年建立后，改进了对绿海龟的保护，绿海龟

性情温和的海龟

的数量正在增加。在繁殖季节里，减少人为干扰，保证了海龟数量的稳步增长。此项工作要长期坚持。

海龟自然保护区风景优美，海岸线弯弯曲曲，参差不齐，沙滩上布满了白沙和海蚌。宁静的海滩，为日光浴提供了极好的地方。清澈的海水，提供了良好的游泳场所。只有海鸥和其他鸟类的叫声，打破静寂。来自海上的微风，给你带来凉爽和舒适。景色优美的海岸，弥漫着另一个世界的气氛，会使你很快忘记外面世界的嘈杂。野餐地和野营地，掩映在沿海岸而生长的林荫之中。

自从海龟自然保护区建立以来，在这里开展了许多科学实验项目，已经进行了关于人工繁殖绿海龟的实验，并且取得了成功。因为绿海龟对淡水高度适应，能高度忍耐各种不利的环境条件，对水的严重污染和缺少食物而引起的疾病，也有很强的抵抗力，它还能适应各种各样的食物，因而，可以进行人工繁殖，而且前景广阔。

海龟怎样从其出生地长途爬行，去到遥远的地方（根据记载，曾有海龟从英国到中国的海南岛，并从巴西的海里到靠近赤道的海里，距其出生地数千千米之远），然后，又返回其出生地？我们人类，在我们的轻型飞机和喷气式客机以及轮船上塞满了各种航行设备，但是，海龟在大海里航行，没有任何“仪器设备”，却能十分准确地找到它们的目的地。这些爬行不息而且目标明确的航行，如何做到准确无误？是海龟充分利用天空、海洋和土地？它们怎样进行如此惊人、如此成功的航行，在距其栖息地数千千米之外的地方产蛋，然后，又返回其营养丰富、十分安全的栖息地，度过余生？这些题目，使科学工作者很感兴趣，他们对这些问题，已找到一些答案。有人认为，海龟依靠其对海浪中化学信号的嗅觉，找到其出生地；或者靠观察太阳和星星的位置，来确定航行方向；或者靠其脑子里的生物“钟”，指挥方向；或者靠地球的引力作用，进行航行。到目前为止，还没有人能对这些问题做出肯定的回答。然而，通过最近的试验，科学工作者倾向于这样一种假设：海龟是依靠太阳而不是依靠嗅觉来指导它们的方向。

二、鼎湖山自然保护区

1. 亚热带季风常绿阔叶原始林

鼎湖山自然保护区位于广东省肇庆市东北郊。由于地处亚热带的南缘，所以，其重要性在于它具有独特、珍贵的亚热带季风常绿阔叶原始林，被认为是靠近北回归线最珍贵的植物之宝。北回归线，使人联想到一片亚热带和热带沙漠，辽阔荒凉，没有原始森林。然而，一片完整的天然生态系统，也就是一片亚热带原始林，茂盛葱茏，莽莽苍苍，幸存于鼎湖山自然保护区里，并受到良好的保护。

温暖的季风气候，给鼎湖山带来21.4℃的年平均气温，2000毫米的年平均降雨量和80%的年平均相对湿度。在其12平方千米的地区内，为种类丰富的植物（2000多种高等植物）的生长，创造了极好的自然条件。植物物种的种类繁多并且高度集中，是鼎湖山自然保护区最显著的特征之一。在这12平方千米的地区里，就可看到110种植物。

由于气候温暖湿润，土壤肥沃，深厚疏松，所以，这里的亚热带阔叶季风林常年苍翠葱郁，结构复杂。从森林的最上层到林地上的低层植物，共有5层～6层植被。所有的山峰上都布满了茂密的热带和亚热带常绿林，主要有壳斗科和樟科的树种。最常见、数量最多的树木，有华栲、厚壳桂、丛花厚壳桂和许多其他的树木，覆盖着海拔较高的山峰；而森林的较低层，则布满了橄榄、乌榄和阔叶蒲桃等树木。

由于鼎湖山自然保护区的地理位置接近热带的北缘，这里的阔叶常绿季风林具有热带雨林的某些特征。板根、巨大的木质藤本、绞杀植物和寄生植物的存在，即为一例。因此，棕榈科、铁仔科、茜草科、苹婆科和杜英科的植物都很突出。雨林覆盖着潮湿的峡谷，其主要树种有凸脉榕、鱼尾葵、树蕨、省藤、黄藤和野芭蕉等亚热带树种。野漆树、海红豆和枫香树等落叶树，都在干旱的地区生长茂盛。复杂的树种结构显示，鼎湖山自然保护区是亚热带和热带之间的过渡

鼎湖山自然保护区风光

地带。这里的森林，以亚热带常绿阔叶林向热带雨林和季雨林过渡为特征。

鼎湖山自然保护区拥有320种高大挺拔的树木，能生产非常优良、具有多种用途的木材。粗大的树木，枝叶繁茂，树冠冲天。大多数树木都已生长了数百年，高达30米～40米。这些高大的树木，像擎天巨柱，高耸入云，形成摩天的森林。其树冠相互交织，形成雄伟的华盖，遮天蔽日。在这阴凉的树冠下漫步，你可听到鸟儿悦耳的歌声。

在鼎湖山自然保护区众多的树种中，有20种树是受国家保护的珍贵稀有植物。野荔枝、格木和观光木，在中国其他地方很少看到，但在这里，却大片生长。

格木是一种高大的树木，这里的格木已有300多年树龄，高达40米，直径达1米，其圆柱形的树干，高入云霄。因为它的木材坚硬如铁，钉子钉不进去，所以，被称做铁木树。它的抗腐朽力很强。在靠近鼎湖山自然保护区的地方，有用这种树的木材修造的一座桥梁，已经用了200年。还有用这种木材建造的一座寺庙，已经有400年的历史，至今都情况良好，没有腐朽。

观光木是另一种中国特有的高大树木。树干十分粗大，需要几个人手拉着手，才能将它围住。它浅紫色的花朵，气味芬芳，是制造芳香剂很好的原料。它红色的种子，可生产油料。它通直的树干，是用于建筑的极为优良的木材。

木荷是鼎湖山自然保护区里常绿阔叶树之一，能够防火。其茂密的叶子，含水率达45%左右。在熊熊大火中，其叶子和树干都不着火。另外，它巨大的树冠，为树下的野草茂盛生长，提供大片的阴凉。茂盛的野草能阻止地火在其周围燃烧。它高达8米～18米的树干，为制造高级家具提供坚硬和优质的木材。

这里有900多种植物具有药用价值，对治疗某些疾病有所助益。例如，紫花杜鹃是一种灌木，可防治慢性支气管炎。植藤子是一种巨大的木质藤条，可作很好的药材，其种子对防治风湿病、促进血液循环和消除便秘，有很好的疗效，甚至它的树皮，也可帮助通便。这里还有110种纤维植物，为造纸工业和纺织工业提供良好的原料。大约有46种壳斗科植物，含有丰富的淀粉。有70多种植物，包括一些木质藤条和多种樟科植物，都能生产食用油和工业用油及芳香油。还有60多种植物，为提取单宁提供原料。

这里生长着丰富的真菌，包括400多种大型真菌。最近，世界上首次发现的一些真菌，在这里生长繁茂。其中许多真菌可供食用，或者可作重要的药材。

由针阔叶混交林等构成的不同的植被类型，占据着季风常绿阔叶林的上部。它们大部分是人工林或者次生林。这种混交林的主要树种，有马尾松、木荷、桉树和冷杉。另外，还有竹林和茶园。这些林木，丰富了这里的植物种类和经

可食用的小蘑菇

济植物的资源。

马尾松是一种速生树，树干通直。它能在土壤贫瘠、其他树木无法生长的山坡上旺盛生长。由于它对贫瘠的自然条件适应性极强，生长迅速，材质优良，用途广泛，所以，它是很受欢迎的树种之一。马尾松木材可做坑木、铁路枕木和电线杆，还为造纸工业和纤维工业提供原料。它还含有丰富的松香和松节油。

这里的森林中，植被茂盛，互相缠结。所有的树上都覆盖着长长的、巨大的藤本植物，创造出各种奇形怪状的景象。林地上布满了茂密的蕨类植物、灌木和野草，形成巨大的绿色地毯，铺盖着林地。

这里茂盛的亚热带植物和丰富的食物，为种类繁多的野生动物提供极好的栖息地。这些野生动物，包括38种哺乳动物，177种鸟，27种爬行动物和11种两栖动物。这些动物中，蟒蛇、鬣羚、穿山甲、香猫和白鹇都是国家重点保护的动物。

白鹇是一种巨大的鸟，其身体大约有1米长。它体形美丽，白色的翅膀和尾巴上，点缀着V形黑色的条纹，并具有深蓝色的羽冠和腹部，鲜红的面部和粉红色的腿。在阳光的照耀下，羽毛闪闪发亮。白鹇文雅优美的姿态，使它成为一种高雅而讨人喜爱的鸟。它常在茂密的森林里觅食，或者逍遥自在地行走，听到噪声，就起飞逃走了。

由于具有温暖的气候、适宜的水分和阳光，所以，这里几乎一年四季都鲜花盛开。春季野花绚丽夺目，布满山边、路旁、河岸和池边，将鼎湖山自然保护区点缀得色彩缤纷，空气中洋溢着清香的气息。夏季，林地上青草如茵，奇花怒放，色彩艳丽。

2．瀑布和古庙

在十多座起伏的山峰下，天然的泉水潺潺而流，水晶般的泉水，为这里的河流提供水源。清澈的河流，在森林里蜿蜒而流，并且形成许多池塘，水色深绿，鱼类丰富。众多的瀑布从高山上奔泻而下，跌入池塘，水花飞溅，好像无数的珍珠，在空中飘洒。

许多文化遗迹，都分布于美景之中。两座特别醒目的古庙——白云寺和庆云寺，依山而立。建于唐代的白云寺和建于300多年前的庆云寺，都掩映在森林和竹林之间，洋溢着幽寂静谧的气氛。它们吸引着大量的游人，不仅因为它们古老的建筑，还有寺内和寺外种类繁多的古树，林茂荫浓，古雅清幽。在庆云寺的院内，一株3米高的油茶树，栽植于1633年，现在仍然枝繁叶茂，开着白花。一株已生长了数百年的龙眼树，高入云天，弯弯曲曲的树枝缠绕着树干，构成各种古怪的形状。这两座寺庙周围大量的树木，大部分都至少栽植于400多年前，为逍遥漫步和闲游溜达，提供了很好的条件。

鼎湖山，因这里山巅上的几个湖泊而得名。鼎湖山自然保护区里，各种各样的自然美景吸引着游人。其中有四季常青的山峰、深邃的峡谷、闪烁的湖泊、奔泻的瀑布、弯曲的河流、清澈的池塘和古怪的山洞，景色迷人。

鼎湖山自然保护区已成为中国驰名、最受欢迎的风景区之一。近几年来，越来越多的游人涌进这个保护区，造成这里的原始森林和自然环境持续恶化。发展旅游业和保护珍贵的原始天然生态之间的矛盾，已成为一大问题。为了减少日渐增加的破坏，政府已采取了一些措施。改善这里的情况，已成为一种强烈的呼声。

自然保护区内的瀑布风光

鼎湖山自然保护区是科学研究的一个重要基地。1979年，已被列为世界保护区网和国际人与生物圈保护区网之一。居于热带最北缘的地理位置，使它具有特殊的科学价值。

为了观察这里植物的发展和变化，一片面积为2000平方米的样板地已经建立了起来。在鼎湖山自然保护区里，已经开展了关于这里植物群落的类型、组成、特征、地理位置、环境因子以及它们相互关系的研究项目，并且已经取得了一些科学数据和研究成果。

第七章

海南省的自然保护区

一、东寨港自然保护区

红树林是一种特殊的森林类型，是一种特殊的森林生态系统，也是亚热带和热带特有的一种独特的自然美景。

世界上的红树林，由23个科和81个种组成，中国就有其中的16个科和29个种。东寨港自然保护区，因其有中国面积最大的红树林而著名。它的面积为52.4平方千米，沿着中国南方海南省东北部海岸延伸50千米长。它拥有15个科和25种红树，占中国红树树种的80.6%。最常见和数量最多的树种，是海莲、木榄、红茄莓、红树、秋茄树和角果木等。这些森林中，分布着棕榈树、使君子、海桑和其他一些高大的植物。

茂密的红树，是奇特的常绿木本植物，好像沿着海岸生长的灌木一样，在这里大量生长。大多数红树林只有2米～3米高。它椭圆形、深绿色、表面光滑的叶子，形成茂密的绿色华盖。当潮水高涨时，其华盖漂浮在海面上。红树的树干，弯弯曲曲，由互相交织的弓形根支撑着。弓形根包括支柱根、板根和呼吸根。它们从树干的基部，甚至从树干较低的部分生长出来，环绕在树干的周围，互相盘绕，形成任何东西都难以通过的迷宫。当潮水降落时，树根的大部分都暴露在空气中，高出海面。板根很像一片片木板，一般高出地面30厘米～50厘米，好像有力的支柱一样，使红树在沙质的海岸上十分稳固。呼吸根由大量像手指一样粗的支柱组成，是由大量脂肪孢子构成的特殊结构。当红树长期淹没在海水里和淤泥里，缺乏氧气的时候，呼吸根就将氧气和新鲜空气吸进树木。呼吸根从树枝上和树干上萌发出来，向下伸展，形成互相缠结、混乱一团的迷宫，扎根于淤泥之中。红树秀丽的小花，与其他许多野花在夏末竞相开放，色彩斑斓，香气四溢。

红树虽然是喜欢咸水的植物，但是，它不能从海水中吸收过多的盐。因此，它的叶子具有分泌腺，能将过多的咸水排泄出去，只保存它需要的足够的水分。

红树与其他植物不同，其繁殖的方式十分古怪，也十分有趣，与动物繁殖的方式有点相像。它无数的种子，形如棍棒，在不同的生长季节里，呈绿色、红色和紫色。当种子还在果实里依附在母树上的时候，就悬挂在母树上，萌发幼芽。种子成熟以后，就跌落在海岸上。数小时之内，就很快地在海岸上扎根。从母树上跌落下来，未能立即在海岸上扎根的种子，能够存活4个月之久，被海水冲走，沿着海岸飘荡。直到最后，在其他地方的泥土里或者海滩上扎根。这是一种奇

茂密的红树林

红树旁的海洋生物

特的繁殖方式，叫作植物的“胎生繁殖”，即在母树上发芽。这也是一种明智的繁殖方式，可以保证在海水流动的环境里进行繁殖。

红树是很好的土地筑造者和营养供应者。红树叶落下以后，就在其错综交织的树根中累积起来。细菌和真菌将这些叶子变成养料，供海洋生物食用。当海浪冲击海岸时，就将这些养料冲到海里去，成为许多微小的海洋生物、虾和鱼的养料。这些微小的海洋生物依靠红树林而生活。红树的根，盘根错节，能够抓住水里的淤泥和碎石碎片。这些东西都是修筑新土地的材料。这些沉积物不断堆积，高出水面，就筑起了地基。它像一条天然的围栏一样，阻挡潮水的冲击，保护着海岸，使之免受风浪的冲击，形成一片新的土地，使不太耐咸水的植物在上面扎根生长。

红树除了叶子向海水里增加宝贵的养料以外，其茂密的华盖，也为来自陆地和海里的野生动物提供隐蔽之处。海水中盛产鱼虾。龙虾在浅水中蠕动，将它们钳子似的爪子，伸出水面。龙虾白色的虾肉和蛋黄似的卵巢，在夏季成熟，是很好的美味佳肴。螃蟹沿着海岸爬行，不断地挥舞着它们的爪子捕捉食物，或者吸引配偶来到它的窝里。蜗牛沿着树根和树干缓慢地爬行。其他许多小动物，也沿着红树爬行。它们在浸泡在水中的树叶上寻找食物时，也掩蔽在红树下，躲避火热的阳光。海鸥、白鹭、苍鹭、红嘴相思鸟、金莺、燕子、天鹅和野雁等大量美丽的海鸟和海岸鸟，成群地聚集在这种安全而有丰富营养的庇护地里，并在这里筑巢。它们在这里进行不同的表演，在树顶上逗留，或者在空中盘旋；站立在浅海里，等待捕捉食物；或者一看到鱼，就立即跳入海中去捕鱼。它们愉快地栖息在这里，发出各种欢快的叫声。其叫声响彻空中，也使飕飕的风声和汹涌的海浪声变得低沉了。但是，红树林不利于陆栖哺乳动物活动。因为，陆栖哺乳动物不能适应这里不坚固的泥海岸，也不能通过盘结缠绕的红树根及茂密的红树枝。

红树林具有重要的生态和经济价值。在生态方面，红树林在保持海岸生态平衡中发挥着重要的作用，红树的树根，将污染物质从海岸上过滤出去，同时，为种类繁多的野生动物提供安全舒适的栖息

美丽的花开得正艳

地，而且，为海洋食物链生产多种养料。红树林茂密的树丛，沿海岸生长，就像一道又一道坚强的天然屏障，抵挡着海浪，保护着海岸和海岸后面的农田。因此，在保护渔业、农业和人民生活方面，起着坚强卫士的作用。

在经济方面，红树坚硬的木材，具有美丽的红色、细密的木纹、高度的抗腐朽和虫害的性能，使之成为良好的木材，适合作建筑、农具、家具和乐器。红树的树脂，是一种天然的染料，当地的渔民用这种树脂给渔网染色。许多红树的根皮富含单宁，为许多重要的单宁产品提供很好的原料。有些红树的果实和花可以食用，也适用于制造糖、酒精和醋。还有些红树的叶子可做药材、用于农田的绿色肥料和牲畜的饲料。红豆树是这里最美观的树木之一，点缀在红树林之中。其果实可供食用，是当地人喜欢吃的一种野果。如果在红豆树林中漫游，你可能看到一群年轻姑娘，一边采集红豆，一边咯咯地笑着，或者唱着歌儿。她们会用红豆或其他当地的野果招待你。热带的水果，别有一番风味。

海南东寨港自然保护区的植物景观

红树林的自然美景，与任何一种陆地森林的美景都大不相同。它展示着壮观的景色，吸引着越来越多的游人。海湾里的海滩，平坦浩瀚，沙软浪平，灌木丛生，野花密布。这里春季早到，如果这时来此一游，这里绚丽多彩的野花，布满所有的野餐地和小径旁，定会使你大吃一惊。杜鹃花开得正艳，常常开到7月。各种各样的花草灌木，都展现在你的面前，似乎为了使你高兴。保护区的护林员带领游人，在海滩上漫游。虽然这里气温酷热，但海上微风带来的凉爽，会使你很快忘记自己置身于热带地区。来东寨港自然保护区，交通方便，乘汽车或乘船都可到达。要想遍游这个保护区，最佳的选择，是乘一条独木船，沿海岸而游。

东寨港自然保护区里，保存最好、鲜为人知的景观之一，是保护区里及其周围古代村庄的废墟。残垣断壁，破旧的石磨、石棺，一条纪念拱道和一座方形的舞台等，几座建筑物，虽然都已被淹没在7米～10米深的海下，但都清晰可见。在靠近海岸的一片浅海里，可以看到古代农田，羊肠小径，纵横其间。这些村庄，都是在1605年强烈的地震中沉陷下去、淹没于海水之中的。

二、尖峰岭自然保护区

1. 珍贵的原始热带雨林

位于中国最南部的海南岛，四面环海，为尖峰岭自然保护区提供着田园式的环境。这个保护区位于海南岛西南部的群山之中，以其茂盛的原始热带雨林而闻名于世。由于有来自南中国海潮湿的海风，这里雨量丰富，年降雨量达2000毫米，年平均气温为24℃。

这里山峰起伏，热带雨林茂盛葱郁，四季常青，呈现出欣欣向荣的景象。所有的森林都完全处于原始状态，尚未受到人为的干扰。树木高大挺拔，巍然屹立，平均高度达到30米，有些地方的树木，竟高达近40米。树干粗大，需要两三个人，甚至七八个人手拉着手，才能围起一棵大树。树木枝叶茂密，遮天蔽日，只有很少的阳光能透过树枝照射在林地上。这里许多占优势的树木都是古老的树木之王，其树龄可能已达数百年。这些树木，像巨大的圆柱，拔地而起，高耸入云。粗大的树干上，布满了苔藓和地衣，在雨林的最深处，绿色的林地阴暗潮湿，铺满了大量的苔藓和蕨类植物，野草丛生，灌木茂密。

这里的热带雨林，与西双版纳自然保护区里的热带雨林有一些相似的特征。树种成分复杂，落叶树很少，蕨类植物高大，板根高出地面4米～5米，绞杀植物众多，木质藤本植物粗大，老树干上结果。这里的热带雨林，按其在不同海拔高度上的不同地理位置，可分为5类。

尖峰岭自然保护区

在海拔较低的小山上或河流两岸，分布着热带半落叶季雨林。白格、厚皮树、白木香和斜叶榕等较低的树木在这里占优势。

在海拔200米～700米的地方，分布着热带常绿季雨林。其主要树种有青皮木、荔枝、细子龙等。

在海拔250米～750米的峡谷里，分布着热带沟谷雨林。橄榄科、夹竹桃科、金缕梅科、无患子科和楝科的树木，生长茂密，郁郁葱葱，其间分布着高大挺拔的棕榈树。

在海拔700米～1000米的山上，布满了热带山地雨林。主要树种有樟科、罗汉松科和茶科的树木。这些山上树木十分茂密。在一片3000平方米的地方里，就有167种高等植物。其中的树木普遍高达40米，直径达到40厘米。有些树木，比这些树木高大一倍。许多树木树干挺拔，基部有板根。

海拔1100米以上，由于海拔升高，强风劲吹，气候寒冷，高大的树木为山顶矮林所代替。这些森林演变成壳斗科、野玫瑰和茶科植物的混交林。这里的树木变得弯曲、矮小和奇形怪状，而且上面布满了苔藓。低地野草、地衣和苔藓等植被丛，茂密低矮，分布于森林之中，也覆盖着山顶。

尖峰岭自然保护区的总面积为77.62平方千米，拥有1500种维管束植物。树木数量庞大，令人惊奇。其中19种是海南岛特有的稀有和濒危树种。海南紫荆木和坡垒，在森林的最高层占优势，都是受国家保护的一类濒危树种。香楠、油丹、卵叶桂和海南水团花，都是珍稀的热带树种。

这里的许多树木，都有很高的经济价值和广泛的用途。以坡垒和海南紫荆木为例，世界上都几乎绝种。它们生产出的木材，质量高，耐腐朽，抗病虫害，用作北京天安门城楼上的支柱，已经几个世纪，现在仍然保存良好。作为航海船壳，用了数百年，作为桥梁，用了数十年，现在都未腐朽。由于其木材具有美丽的自然色和花纹，所以，也是制作高级家具的极好材料。

尖峰岭自然保护区生长着丰富的植物，可用于药材、油料、香料、纤维、橡胶、单宁、淀粉和优质木材。各种竹子也在这里生长茂盛。高山蒲葵，叶子巨大，一片叶子可为三个人遮雨。杜仲、海巴戟和八角，都是很好的药材。海南粗榧是最近在这里发现的一种药用植物，是海南岛重要的药用植物之一，其提炼物可治疗血癌和肺癌。海南龙血树，因其红色的树液很像血，因此得名。其本身的某些物质能增强人类的健康。

纤维植物主要由一些巨大的木质藤本植物组成。几种藤子，含有60%以上的纤维，显示出热带雨林的特征之一。

由于这里雨量充足，气候温和，所以，灌木和野花种类丰富，到处都茂盛生长。树木笼罩在云雾之中，树上覆盖着苔藓，形成美丽的华盖，遮掩着地面上十分茂密而且互相缠结的植被。潮湿的林地上，生长着茂密的蕨类植物、多种五彩缤纷的蘑菇和其他真菌，还有附生

植被繁茂的尖峰岭

迷人的花卉

植物和高大如树的灌木等，都生长丰茂，给这里增加了美的景色。

这里有一种植物，叫作树蕨，与恐龙一样古老。它的叶子像羽毛，茎干很粗大，需要一个人伸开手臂才能抱住。这种树蕨，在数百万年前的地质和气候变化中，幸存于热带雨林之中。在这些热带雨林中，有9种这样的树蕨。

尖峰岭自然保护区森林茂盛，蓊郁葱茏，群峰林立，高入云霄。山峰之间，沟谷密布，盆地平坦，丘陵连绵，瀑布奔泻，河流汹涌，景色壮丽。“尖峰岭”是指那座尖形的山峰，是这个保护区里的最高峰，高达1350米，屹立于保护区的中部，这个保护区因此而得名。大河和小河，纵横交织。五颜六色的热带鱼，展现出美丽的水下景象。在辽阔的盆地里，椰子树高大挺拔，十分普遍。在步行漫游之中或者之后，饮用椰子汁，品尝椰子糖和用椰子碎片做馅的食品，可提神益智，使人精神焕发。

这里一年四季鲜花盛开，景色绮丽。由于气候湿润，阳光充足，任何时候都有花开。有时，如果条件适宜，有些植物，一年会开花两次。整个保护区遍地花开，野花布满山边、河岸、路旁、山峰和地面。白色、蓝色和紫色的兰花，在大树上盛开，重葩叠锦，形成别致的空中花园。兰花、柑橘、金地衣、野百合和大量其他的野花，使茂盛的常青树的绿色变得靓丽起来，将这里的景观涂染得绚丽灿烂，空气中洋溢着柑橘的清香味。许多矮小的高山植物，也在早春和盛夏花开遍野，6月下旬最为艳丽。欣赏这些多彩多姿的野花，在阴凉的华盖下漫步闲游，你可听到鸟的歌声响彻幽静的森林。美丽的热带蝴蝶在野花旁飞舞，蜜蜂也在花上嗡嗡地叫着。

2．天然的动物园

茂盛的热带雨林，哺育着种类繁多的野生动物，鸟类在这里占有相当多的数量和比重。原鸡、孔雀雉和白鹇都是国家重点保护的鸟类。花蜜鸟、红腹鹦鹉和黄冠啄木鸟等大量美丽的鸟，都栖息在森林之中，给这里的景色增添了活跃的气氛。

这里的灰孔雀，看起来与一般的孔雀相似。但是，它能飞翔，羽毛比一般的孔雀羽毛更加美丽。当它在空中飞翔时，艳丽的羽毛在阳光下闪闪发光，发出使人眼花缭乱的光彩。

飞鼠是一种小动物，它的头很像猫的头。由于它具有巨大的膜状翅膀和长长的尾巴，所以，它能像表演杂技一样在空中飞行。展开双翅，它能飞得像鸟一样快，能从一棵树上飞到相距数百米，甚至上千米远的另一棵树上。因此，它被称为森林的滑行者。

在尖峰岭自然保护区里的28种野兽中，黑长臂猿是最珍稀的动物，在这里只有20只～30只。因此，被列为国家保护的一类动物。它能站立起来，用其后腿摇摇晃晃、东倒西歪地向前行走，样子十分可笑。它是一种躲躲闪闪的动物，跳到树上，抓住树枝，嗖地一跳，又跳到相距数米，甚至十多米远的其他树枝上去。看到游人，就跑得无影无踪了。

云豹、豹猫、小灵猫和猕猴，也是国家保护的重要动物，在这里的森林中游荡。数十只或者上百只猴子，成群结队在河里饮水，或在树上嬉戏，是常见的也很有趣的景象。它们在树上向树下的游人投扔大量的野果，来势猛烈，如下暴雨，取笑逗乐，当地人称之为“果雨”。云豹在森林里嚎叫，一听到人的声音就立即停止嚎叫，逃之夭夭。黑熊也在森林中常来常往。

尖峰岭自然保护区里有许多小酒店和饭馆。在这里，你可以饱餐海鲜、新鲜的啤酒和新鲜美味的当地食品。许多礼品店中都有用珊瑚和椰子壳等当地的材料做成的各种各样精巧的工艺品。海边上的饭店和小旅店，鳞次栉比。从这些地方还可欣赏这里最美好的景色，那就是这个保护区最高、也最吸引人的尖峰岭。

尖峰岭自然保护区保存着中国另一片巨大的热带雨林，它是地球上至今尚存的少数大片热带雨林之一。大自然创造的这片热带雨林，或多或少未受破坏，保存完好。尖峰岭自然保护区，与位于中国西南部云南省的西双版纳自然保护区有相似之处。但其树种，与西双版纳的树种十分不同。这个保护区具有大量的热带生物资源，使之成为热带雨林中一个十分突出的典型，独特的植物之宝，也是除了西双版纳之外，唯一的一片保存完好的热带生态系统。这里的热带动植物，数量多得让人难以置信，而且保存良好，都是中国特有的，也是世界上稀有和濒危的动植物。因此，尖峰岭自然保护区是一个重要的研究基地，可供研究热带生态系统独特的特征，保护、开发和永续利用这些珍贵而脆弱的热带自然资源。这里极好的自然景观，还为教学提供了良好的资料和项目。

保护区的小猴子

三、三亚珊瑚礁自然保护区

三亚珊瑚礁自然保护区位于中国热带地区海南省南部，三亚市西南部，一个叫作“鹿回头”的有名风景区内。面积40平方千米，背靠起伏的山峦，森林茂盛，林涛汹涌，三面环海，绿海浩渺。珊瑚礁、汪洋大海和白色的海滩，景色壮丽，是这里最精彩的部分，高耸的椰子林、槟榔林和棕榈林，在海风中沙沙作响，遍布平地和渔村。

这些树木，高达30米～40米，直径达40厘米～50厘米。树干通直光滑，直插蓝天，它们冲天的树冠，苍翠葱茏，遮天蔽日。几种藤蔓植物缠绕在高大的树上。翠绿的蕨类植物、苔藓和青草铺满了林地，构成显著的热带风光。一串一串的红豆悬挂在红豆树上，点缀在森林之中。从3月到9月，大量野花遍地盛开。森林里、沼泽地上、道路旁及旅馆周围，野花更多，使这个保护区一片靓丽，色彩纷呈。

珊瑚属于腔肠动物，其外形可分为石珊瑚和软珊瑚。从生态上讲，可分为造礁珊瑚和非造礁珊瑚。

三亚珊瑚礁自然保护区为保护珊瑚和珊瑚礁及其生境而建立，这里有87种造礁珊瑚，包括最常见的几种珊瑚：柳珊瑚类、脑状珊瑚、星状珊瑚、牡鹿角珊瑚、麋鹿角珊瑚、火珊瑚和柳珊瑚。这些生动的名称，来源于它们的各种形，状如星星和鹿角等。它们茂密地生长在2米～3米的浅海以至50米的深海里，形成中国第一个也是最突出的自然保护区。这里的珊瑚仍保持原

美丽的珊瑚

始状态，很少受到破坏。

珊瑚是微小的动物。单个的珊瑚叫作珊瑚虫，一般不到26毫米。珊瑚虫很小，但属于有生命的动物。这种动物具有特殊的技能，可从海里吸取化学物质，然后将这些化学物质转变为石灰岩结构，作为它们的堡垒。这种堡垒由无数细小的动物共同努力建造而成，而且，更突出的是，每个珊瑚虫都是其他动物的主宰者。海藻群落在珊瑚虫的组织里茁壮成长。珊瑚排出二氧化碳，哺育着大量微小的绿色海洋植物。

珊瑚是软体、花形的动物。它们生长着许多刺和触角，到处摇动，收集各种漂浮的细小动物，作为它们的饲料。为了保护自己，珊瑚分泌出碳酸钙，这是一种构成石灰岩的物质，在其周围，造出硬壳，同时，为了安全，数千只甚至数百万只珊瑚住在一起，成长为很大的岩石群。柳珊瑚通常叫作海鞭，它们用另一种方式保护自己。它们分泌出少量的碳酸，并且将其与一些角状的物质联系起来，好像海草在海水里摇动。

白天，肉质的珊瑚虫栖息在它们安全的栖室里。这种栖室，实际上是花形的石灰岩杯状物。但是，到了夜间，它们从栖室里出来，在其群体的表面形成一种奇怪的白色细毛。

不同的珊瑚颜色各异，在海水里形成色彩缤纷、美丽无比的自然美景。麋鹿角珊瑚呈淡橘红色；脑状珊瑚用绿色和黄色装饰自己；牡鹿角珊瑚用白色和黄色将自己打扮得漂漂亮亮；柳珊瑚类浑身覆盖着紫色；柱形珊瑚呈褐色，使自己具有吸引力。不同的珊瑚，生活在不同的位置上。牡鹿角珊瑚栖息于海底；而柳珊瑚在海水中摇摆，因为它能经得住海浪的袭击和深水环境；柱形珊瑚生活在深水里，长成高大的圆柱。其间，一群一群的鱼，闪烁着靓丽的色彩，给水下增添了色彩斑斓的美景。

珊瑚为珊瑚礁上种类繁多的其他动物和植物提供着良好的庇护地。鹦嘴鱼在珊瑚里找到它们食物的来源和保护。珊瑚的缝隙和珊瑚上的小洞都为鱼类提供掩护，使之藏在里面，躲开天敌。几种海藻和许多细小的植物生活在活珊瑚里或死珊瑚上，为鹦嘴鱼提供食物，也在珊瑚之间制造各种颜色。另外，海藻产生氧气和养料，对珊瑚和海藻本身都至关重要。

海绵是一种简单的动物，呈红色、橘红色、绿色、黄色和蓝色，也在珊瑚中建造家园。

珊瑚礁由珊瑚和海藻相互作用而形成。珊瑚和海藻从海里吸取化学物质，然后，将这些化学物质转化为碳酸钙，在数个世纪里，变成紧密坚实的石灰岩。

珊瑚礁可分为三种类型：边缘礁、阻挡礁和环礁。这三种珊瑚礁是相继形成的。当地壳移动或升出海面和土地陷入大海时，边缘礁首先形成于靠近火山岛的海岸上，或沿着陆地的边缘上。阻挡礁从陆地上生长起来，被又宽又深的水道隔离开。环礁是一种环形珊瑚，环绕在环礁湖周围。当所有的土地消失时，它由阻挡礁转换而成。

通常所说的珊瑚礁是指多孔穴的钙质礁体，由造礁珊瑚的骨骼和少数石灰质海藻及贝壳黏结而成。珊瑚礁表面看起来好像没有生命的岩石，但是，实际上它们包含着许多活的动物，也是由许多活的生物构成的。它们是碳酸钙的沉积物，在过去数千年中，由大量细小的珊瑚群落逐渐建造而成。每一代新生的珊瑚虫在它们老祖宗建造的珊瑚礁上，增加一层又一层的石灰岩，建造起一个新的群体，最终成为数百万只珊瑚虫的家园。珊瑚礁不断生长，虽然造礁的过程极其缓慢。珊瑚只能忍受最狭窄的环境条件。它们需要非常适合的海水温度和深度，海水必须清洁而明亮。分枝珊瑚每年在珊瑚礁上增加大约76毫米；而硬珊瑚在50年之内，可以在珊瑚礁上增加像一个篮球那样大的一块珊瑚礁。

珊瑚礁生态系统，包含着由各种浮游生物、水底生物和游动生物构成的大量的生物量，它们在珊瑚礁里面和周围寻找食物。因为珊瑚礁里生长着数百种色彩鲜艳的鹦鹉鱼、军营鱼、树干鱼等热带鱼和种类繁多的其他海洋生物。珊瑚礁的地面上，除了生长琼胶和其他可供食用的植物以外，还为养育珍珠提供良好的生境。

海龟、海虾、海胆、鳗鱼、螃蟹和其他许多小动物，也都在珊瑚礁里或珊瑚礁周围寻找食物和保护。

景色如画的海湾，弯弯曲曲，使海岸形如锯齿，参差不齐。海湾的边缘上，是白沙覆盖、珊瑚礁密布的海滩。一座高峰屹立海滩，好像一只鹿，站在海岸上回头瞭望。铺满白沙的海滩，像一条白色的缎带，伸向远方，在阳光下闪闪发光，形成海岸上最吸引人的地方。这个保护区吸引着越来越多的家庭，特别是在6月到8月暑假期间，娱乐活动达到高峰时，喜欢阳光的人蜂拥而来，晒日光浴者布满海滩。

海蜇等较小的海洋生物，常常冲到海岸上来，然后它们又急匆匆地返回海里，否则，就被等在海岸上的燕鸥和海鸥狼吞虎咽地吃掉了。海蜇与普通的鱼不同，它是到处游动的海洋腔肠动物，形状如钟，有胶状的触角和膜状的神经束。大多数海蜇的触角具有长而尖的刺，用来探测食物或者散发毒素。它的刺能使皮肤发痒，但不太严重。海蜇可以食用，与其他蔬菜一起，做成凉菜，嚼起来能发出咯吱咯吱的声音，风味独特。

海龟在海滩上慢腾腾地爬行。雌龟夏季在沙滩上挖出大洞，将海龟蛋藏在沙洞里。矶鹞、鹈鹕和海鸥等海鸟，在拍岸浪中捕食，或在青绿色的海面上盘旋，或聚积在海滩上。

牡蛎、蛤蜊、螃蟹和虾类是咸水里的常住动物。几种淡水鸭和海鸭在海岸上经常可见。老鹰和鱼鹰等猛禽在这里也可看到。

在森林的蔽荫下，鹿、野兔、浣熊、田鼠、水獭、蛇和野鸡，都生活在这里。

水晶般清澈温暖的热带海水，包含着足够的生物，使珊瑚能够繁殖和成长。由于受海浪的冲击和人类的侵入较少，平静的海水，水波涟漪，环绕在色彩绚丽的珊瑚礁周围。这个保护区大部分是在水下，生物资源十分丰富。这里有300多种有甲壳的软体动物，300多种海洋化石，只有在这里的生物实验站周围，才能看到美丽迷人的水下世界和中国数量最多最集中的珊瑚群。潜水者和跳水者在这个最为别致的自然景色之中可以赏心悦目。

浩瀚无垠的大海，风光旖旎。每天早晨旭日东升，玫瑰色的阳光照射海面，将海面染得一片火红。烈日当空时，波光粼粼，火花闪耀，使人眼花缭乱。帆船和汽船在浅海上慢慢驶过。保护区提供到珊瑚礁的游船服务。夜间，海湾里的珊瑚礁景色壮丽。山脚下、村庄里和海岸上，万家灯火，星星点点。这个保护区，是中国南部很有名的风景区，吸引了越来越多的游人。到这里一游，其自然奇景，定会使你入迷。

这里的春季和秋季气候宜人。冬季，中国北方的天气下降到摄氏零度以下时，这里平均气温仍保持在21℃多。因此，这个保护区是有名的越冬地，可供中外游人来此避寒。

这里的许多饭店提供过夜设备。小酒店和饭馆修建在景色优美的地方，提供美味的海鲜。

鹿回头峰上的饭店附近，有一条静寂的小路通向鹿回头村，村中居住着将近2000名黎族人。黎族是中国的少数民族之一，生活方式独特。保护区的导游或者当地人会告诉你关于一对青年人的爱情故事传说以及为什么这座山峰和这个村庄叫作鹿回头。

珊瑚礁对科学研究有很高的价值。作为特殊环境里的一种产品，珊瑚礁是一种显示器。其位置、生长和消失，反映出海面的升降和气候的变化。珊瑚与海底石油和天然气有着密切的关系。因此，它们可为石油勘探提供重要的信息。此外，珊瑚礁起着天然堤岸的作用，可以保护海岸。

珊瑚礁以其变化无穷的形状和颜色、无与伦比的美景，装饰着海底，不仅具有观赏价值，而且也是制作艺术品的材料。最近的一项研究表明，有几种珊瑚是某些药品的重要材料。因此，珊瑚礁是热带海岸的宝贵财富。

四、坝王岭自然保护区

1. 保护区简介

坝王岭自然保护区位于海南岛西部昌江黎族自治县的山区里，那里的原始热带雨林郁郁葱葱，清澈的小溪和小河，弯弯曲曲，流过茂密的森林。温和的气候，充足的降雨量和肥沃的红壤，哺育着1000多种植物。茁壮成长的植物，不仅为黑长臂猿，而且也为水鹿及其他40种珍贵的野生动物和1000多种鸟类创造了一片极好的栖息地。海拔1000米高的山峰上，常常云雾缭绕，风光旖旎，吸引着大量的游人。参天的巨树，枝叶茂盛，一片葱茏。许多野兰花，使植物茂盛的林地靓丽起来。在绿荫翠盖下漫步游览，可以欣赏盛开的野花，倾听鸟儿悦耳的歌声，观赏来来去去的动物。如果你很幸运，就可以看到在树枝上荡秋千的黑长臂猿。

在坝王岭自然保护区里游览，轻松愉快，毫无拥挤之感。

2．中国最稀有的动物之一

世界上有4种类人猿，分别是长臂猿、黑猩猩、大猩猩和猩猩。全世界有7种长臂猿，其中有3种，即黑冠长臂猿、白眉长臂猿和白掌长臂猿栖息在中国。黑长臂猿只分布在中国的海南省和云南省。栖息于海南岛坝王岭自然保护区的黑长臂猿，是黑冠长臂猿的亚种。

在黑长臂猿栖息的原始热带林里进行的面积越来越大的带状采伐，造成黑长臂猿的栖息地遭到迅速的破坏，而不断增加的偷猎，使黑长臂猿这种大型动物已经濒于绝种的边缘了。此外，黑长臂猿生殖率低，也限制着其种群的发展。19世纪50年代早期，有2000只海南黑长臂猿生活在12个县里。但是，以后其数量迅速减少。现在，只有数十只黑长臂猿幸存于4个县里。因此，黑长臂猿成为濒危物种，也是中国最稀有的动物之一，是中国国家重点保护的一类动物。面积为66平方千米的坝王岭自然保护区，建立于1980年，是保护黑长臂猿这种濒危物种至关重要的地方。

3．黑长臂猿的生活习性

雌的和雄的海南黑长臂猿的颜色，各不相同，雄黑长臂猿呈全黑色，而雌黑长臂猿除了头上有一束黑毛冠外，其他部位全为黄色。雌雄黑长臂猿没有尾巴，都有长长的臂膀。黑长臂猿是高等类人猿，在血型、染色体、月经周期和怀孕期方面，与人类有相似之处。

黑长臂猿栖息于树上，几乎所有的时间都在树上度过。由于它身体苗条，臂膀灵活，所以，能用一只臂膀抓住一根树枝，将其身子悬在空中，双腿保持弯曲。它态度温和。当它认为没有人注视它时，就互相嬉戏，在树枝上荡秋千，自讨乐趣，兴高采烈，表演杂耍。然后，突然之间放弃在树枝上荡秋千，轻松敏捷地从这根树枝上跳跃到另一根树枝上去。它能准确而牢固地抓住另一根树枝，在相距十多米远的树木之间，以其特有的方式向前移动观看这种表演，是一种非凡的经历。由于它没有尾巴可以在森林中行走时使其身体保持平衡，所以，从一棵树上跳到另一棵树上，是对它极为方便的一种移动方式。它能像人一样站起来在地上行走，但是走得极不稳当，摇摇晃晃，东倒西歪，两只臂膀下垂。它的臂膀比腿长得多，行走时臂膀触地。由于用其后腿行走十分笨拙，所以，它便将其长长的臂膀高高地举在头上，形成举手投降的姿势。这种生理上的缺陷，使它在地面上行走十分困难，所以，它常常不这样行走。

黑长臂猿夜间栖息十分有趣，也相对安全。当夜幕降落时，它就栖息在一根较细的树枝顶端上。这根树枝只能支撑一只黑长臂猿的重量，稍有超重的东西就会折断。它为什么夜间栖息在如此细的一根树枝上呢？因为在热带森林里，有豹子和野猫等许多食肉的野兽，常在夜间袭击黑长臂猿和其他野生动物。当任何一只这样的天敌刚刚踏上黑长臂猿栖息的那根树枝，企图偷偷袭击黑长臂猿时，那根树枝就晃动起来。黑长臂猿受到树枝晃动的惊吓，在危险尚未来临时就可以迅速跑开了。

黑长臂猿以成熟的野果、鲜嫩的植物叶子和植物的蓓蕾为食，有时也吃昆虫、鸟蛋和蜂蜜。在干旱季节里，它常常在海拔1000多米高

海南坝王岭自然保护区的黑长臂猿

的山地雨林里游荡。在雨季里，它就在海拔较低的森林里活动。活动的位置，取决于当地食物的多少。

黑长臂猿受到家庭的约束，使它们保持群居。每群黑长臂猿都是一个大家庭，通常由5只～6只黑长臂猿构成，其中包括一对老黑长臂猿和3只～4只子女。作为父亲的雄黑长臂猿，统治着家庭。母黑长臂猿每2年～3年，只生一只幼黑长臂猿。刚出生的黑长臂猿幼仔，除了其头顶有稀疏的细毛以外，浑身无毛。它能紧紧地贴在母亲的身上，牢牢地抓住母亲的毛。无论其母亲在森林里怎样荡秋千，幼仔都毫不畏惧，不怕被摔下来。

黑长臂猿幼仔两年之后能够独立。但是，它仍然与其父母和其他家庭成员共同生活。直到它7岁～8岁时，也就是它接近成熟和母长臂猿即将生出第四个幼仔时，它才逐渐离开其父母的家庭，开始独自生活。当它遇到另一只单身异性黑长臂猿时，它就建立起自己的家庭。这就是每一个家庭都始终保持5个～6个家庭成员的原因。黑长臂猿一般能活到30岁。

每一个黑长臂猿家庭都有自己的地盘，位置固定，不允许其他家庭侵入。如果其他家庭的黑长臂猿侵入的话，那么，这个地盘的所有者与侵入者之间就要发生战斗。两个家庭的黑长臂猿之间的战斗，与其他类人猿和猴子的战斗大不相同。两个黑长臂猿家庭之间的战斗，是情绪上的、象征性的及和平性的战斗，而不是武力的战斗，完全没有伤亡。战斗开始之前，一群黑长臂猿发出响亮的吼叫声，同时，在远处的另一群黑长臂猿，也以吼叫声回答，然后，双方慢慢地

黑长臂猿的小家庭成员

向对方移动。当双方已很接近时，来自两个家庭的雄黑长臂猿，开始互相追逐，互相躲避，或者都用一只臂膀抓住一根树枝，悬在空中。它们只是这样互相躲躲闪闪，面面相觑，互相对峙，没有任何实质行动。来自两个家庭的雌黑长臂猿，也用嘹亮的吼叫声，鼓舞雄黑长臂猿的士气，在一旁观看它们的战斗。一小时左右，它们结束战斗，双方撤回各自的地盘里去。

每天早晨，一只雌黑长臂猿反复发出“喂——喂——喂——，哈——哈——哈——”的叫声，数千米之外都可听到。其叫声由低而高，似乎是在自娱，也像是警告所有的入侵者“这是我家的地盘，其他动物不得入内”。其叫声也可能是联络的手段，发出和收到信息，也表达它们的感情，或者寻找配偶。不幸的是，这样会使猎捕黑长臂猿的猎人知道黑长臂猿所在的位置，因此，给黑长臂猿带来灾难。

黑长臂猿具有互相帮助的特性。当一只黑长臂猿受伤或跌倒在地时，所有的黑长臂猿都来抢救。如果一只黑长臂猿被杀害了，其他的黑长臂猿都来将死者抬走。这种显示黑长臂猿友善的场面，令人感动。但是，大量的黑长臂猿都来抢救伤亡者，却正好给猎人提供了将它们一举杀光的好机会。可怜的黑长臂猿，没有任何对付敌人、进行自卫的武器。它不像弥猴或者猴子，受到惊吓就尽快跑开。黑长臂猿遇到危险时，四处张望，原地不动，直到看见敌人，它才想方设法企图逃跑。但是，要想躲开危险，显然为时已晚。

黑长臂猿对低温十分敏感。当气温降到15℃时，它们就很少到处游荡。当气温降到10℃时，它们就冻得浑身哆嗦，将身体缩成一团，互相紧抱，保持温暖。当气温升到30℃，天气闷热时，它们保持原样，没有变化。这说明，黑长臂猿是耐热怕冷的动物。

第八章

广西壮族自治区的自然保护区

花坪自然保护区

1. 珍贵的阔叶常绿原始林

花坪自然保护区位于广西东北部龙胜各族自治县和临桂县之间的蔚青岭山脉，拥有苍茫的阔叶常绿原始林。这些森林是中亚热带典型的和最著名的森林。

在花坪自然保护区里1114种高等植物中，银杉是最令人注目的树种。因为它是世界上最稀有的树种之一，也是中国特有的树种，是从第三纪里遗留下来的孑遗植物。

1000万年以前，欧洲和亚洲都曾有过银杉。但是，在第三纪晚期，它受到了冰川的严重袭击。1955年，在花坪发现了许多活着的银杉树。在此之前，人们曾以为这种树已从地球上绝种了。这一发现，曾在世界植物界引起了很大的波澜。植物学家称其为“活化石树”，并且认为它是当今世界上最珍稀的树种之一。因此，为了从绝种的边缘拯救这种世界稀有的濒危孑遗树种，1961年建立了花坪自然保护区。

银杉具有通直的树干、长长的树枝和茂盛的树叶。它是一种高大的常绿针叶树，通常高达10米～21米，胸径40厘米～83厘米粗。由于它的叶子背面有着突出的银色叶脉，所以，人们称它为银杉。它只分布于中国的广西、四川、湖南和贵州，生长在海拔1400米左右陡峭的山上。银杉林是一种适温的针叶林，是花坪自然保护区里的精华。这种森林分布于海拔1420米的砂页岩山上，面积大约为600平方米。这种树十分茁壮，在其大树的周围能萌发出大量的天然幼树。

花坪五针松

银杉是一种十分良好的树种，适用于园林景观和观赏。其优良的木材，适合用于建筑、造船、电线杆、铁路枕木和家具。但是，它生长很慢，结实很晚，发芽率低，而且，易受害虫和野生动物的危害。因此，它在繁殖和适应性方面表现较差。这些生物弱点和不利的条件，使它很难大量生长，因而数量稀少，处于绝种的边缘。

花坪自然保护区面积为151.33平方千米，拥有茫茫的中亚热带常绿阔叶原始林、复杂的地形、古老的地质构造和温暖湿润的气候，哺育着种类繁多的植物。

这里95%以上高耸起伏的山上，覆盖着保存完好的原始森林。峰峦青翠，绿树葱茏，具有明显的植物群落垂直分布带。海拔600米～1300米的山上，分布着亚热带常绿阔叶林，林茂荫浓，郁郁葱葱，主要树种有红锥、甜槠和罗浮栲。银荷木也是常见的树种，其数量仅次于这三种树木。

海拔1300米～1400米处的常绿林，是由常绿阔叶树和一些针叶树组成的混交林，主要树种有缺萼枫香树和中华槭。

海拔1400米以上，高大的树木数量减少，代之而生长的是对这里恶劣的气候更加适应的许多矮小的树木。这个地区是杜鹃花的王国，各种各样的杜鹃花，布满山峦，花丛密布，生长繁茂。短脉杜鹃、金鳞杜鹃、变色杜鹃和其他许多杜鹃花，都是这个地区特有的杜鹃花，其特征各不相同。

种类繁多、古老独特的植物物种，使这里的植物更加丰富。在花坪自然保护区里，大约18种以上的植物物种，都是本地的特有种。大量的杜鹃花、龙胜山胡椒、龙胜槭和桂林槭等，都是这个地区特有的植物。穗花杉、长苞铁杉、三尖杉和广东松等，都是中国特有的树种。

在原始林的边缘上，生长着几种茂密的竹林，为这里的青山增添了苍翠欲滴的色彩和充沛的活力。

花坪自然保护区拥有大量有用的天然植物。其中270种植物，占该保护区植物总数的24%，都是重要的经济植物，可作药材、油料、香料、淀粉、纤维、果品和木材等。还有更多的植物物种，有待开发。

2．色彩缤纷的野花

花坪自然保护区的名称“花坪”，意思是野花之地。这里总共有200多种野花。奇花异卉，繁花似锦，将这个保护区装饰得色彩纷呈，构成这个保护区最具吸引力的景色。无数的野花，遍布山峦和低地，一年四季，重葩叠锦、艳丽妩媚。草甸和林地上，也盛开着靓丽而喜人的野花。大地一片锦绣，形成花的世界、花的海洋。秀丽的野花，沿着大路旁、小路旁、大河岸和小河岸，争奇斗艳，色彩斑斓。

广西花坪自然保护区

色彩缤纷的野花

游人在花中徜徉，坐在繁花簇拥的椅子上，甚至有被湮没在色彩缤纷的花浪之中的感觉。没有人匆匆忙忙地结束游览，相反，每个人都情不自禁地停住脚步，逗留不前，仔细欣赏这些迷人的景色。

到了春天，百花盛开，鲜花遍地。在新生的嫩绿中，点缀着斑斓的色彩。许多早开的野花，透过绿色的植被，展现出盛开的花朵。桃花、李子花、梨花和樱桃花，都在春天竞相怒放，溢香吐艳。到了夏季，这里也绚丽多彩。火红的杜鹃花，在这里的高山上最灿烂耀眼，6月和7月盛开的时候，色彩斑斓，如繁星密布，点缀在各种野花之中，惹人注目。花椒花、油桐花和山银花，也在夏季漫山遍野到处盛开，到了秋季，乌饭树花和夹竹桃花开遍山边，艳丽夺目，树木的叶子也尽染灿烂的秋色。槭树、栎树和其他许多落叶树，换作黄色、金色和红色的秋叶，使山上和山边靓丽起来。油茶花、枇杷花和腊梅花，不仅花朵华丽，而且以其独特的美丽，不畏寒冷、傲然盛开，在严寒的冬季，野玫瑰、兰花、木犀花和许多其他野花的香味，弥漫在空气之中，大地上洋溢着野花和冷杉的香气。蜜蜂在杜鹃花、玫瑰花、山月桂和其他香花周围，嗡嗡地飞舞，在花上采蜜，创造出一种绝妙的音乐。

3．真菌的世界

春季和秋季，各种真菌生长旺盛，五颜六色地点缀在林地上。其形状和颜色，各不相同，如秀丽的花伞；如艳丽的花裙；如喇叭；如小鼓。有的大如脸盆，有的却小似小球。

奇特的莲花菌，形似莲花。一株成熟的莲花菌，高1米左右，重5千克～10千克，足够一个家庭几顿饭的菜食。当地人都十分喜爱莲花菌，不仅因为它长着花瓣形的叶子、黄棕色的叶面和雪白色的叶背，而且也因为它味道鲜美。这种真菌十分稀少，当地人如果碰并且采到它，就被认为是幸运的象征。如果有人采到，他的邻居们都会来向他表示祝贺。

另外一种半圆形、深褐色的真菌，生长在树干上。人们将这种真菌叫作真菌之王，或者硬菌，因为它硬如木头，可做菜墩。它个头巨大，像一把大伞撑在树干上，当地人常在它下面避雨。在倾盆大雨中，它可为4人～5人遮雨。这种真菌不能食用，但在解毒方面，疗效很好。当地人受到毒菌毒害时，就用它作解毒药。

4．丰富的野生动物

花坪自然保护区里茂盛的常绿林，为500多种野生动物提供着极好的栖息地。这些动物，包括国家重点保护的许多稀有动物。老虎、豹子、大鲵、红腹角雉、黄腹角雉、梅花鹿、麝鹿、猕猴、白鹇、原鸡、白颈长尾雉、熊和野猪等不时地出现在游人面前，给游人带来了不少的意外和惊喜。

成群的猴子栖息在悬崖上的山洞里，其他动物不易发现。它们常来河边寻找青蛙，或者爬到树上寻找野果为食。吃饱以后，在河旁的岩石上晒太阳，或者吊在树枝上荡秋千。它们经常成群外出活动。每群有100多只猴子，由一只最有经验的猴子作为猴群之首，带领着这群猴子，沿着固定的路线行走。当这群猴子正在寻食或嬉戏时，它们还会派出一只猴子坐在高处，四处瞭望。一旦发现危险的迹象，就向猴群发出警告。听到它的叫声，所有的猴子都会立即逃跑。

猴群有着严格的纪律。猴群的成员，紧密团结，互相帮助。任何一只猴子得到最好的食物时，就把它献给父母。成年猴也总是将最好的食物分给幼猴。如有淘气的猴子从幼猴那里抢去食物，老猴就打它的耳光。猴子们讨厌人的干扰。如果有人追捕，它们就跳上高山，向追捕它们的人投扔石头。如果有狗追捕，它们就将狗团团围住，将狗抓住，带到树上，将狗毛拔光，然后将狗扔到树下去。

花坪自然保护区里蜜源丰富，当地人在山上布置了许多蜂箱。然而，有些蜂箱常常丢失。人们发现，是黑熊偷走了蜂箱。黑熊闻到蜂蜜就兴高采烈，接着，摇摇晃晃，走到蜂箱前，将蜂箱推翻，打破箱底，然后，仰卧在地上，举起蜂箱，贪婪地大吃蜂蜜。它不顾蜂蜜滴滴答答滴到它的脸上和肚子上，也不顾蜜蜂蜇它，将蜂蜜饱餐一顿。而且，它很聪明，为了防止蜜蜂蜇它的眼睛，它在吃蜂蜜时，总是双眼紧闭。它吃光了蜂蜜以后，就将蜂箱捣碎，扬长而去了。

带翅膀的猫，是一种棕红色的小型食肉动物。之所以叫它为带翅膀的猫，是因为它长着薄薄的肉翅膀，与它的四条腿连在一起，而且，其形状像猫。这种猫栖息在花坪自然保护区里森林密布的山上，以野鼠和小鸟为食，有时也吃家禽。它像一只翅膀巨大的鸟，能以非常快的速度从一棵树上飞到另一棵树上。然后，停留在树干上，很快地爬上树去，捕猎小动物为食。当你听到它飞行的嗖嗖声时，它已经飞得离你很远了。

在花坪自然保护区里，发现了十多种青蛙，其形状、颜色和栖息地，各不相同。

毛蛙：浑身长满了毛，乍看起来，很像毛茸茸的啮齿类动物。

刺蛙：是一种力气比一般青蛙大的青蛙。它除了白色的腹部以外，身上布满了密密麻麻的黑刺。受到毒蛇袭击时，它就向它的伙伴们发出信号。伙伴们立即跑来，用它们强有力的爪子，紧紧地抓住毒蛇，直到将毒蛇抓死为止。

奶油青蛙：黄色的背部十分光滑，好像涂着奶油一样。

崇阳马青蛙：是一种像大拇指一样小的青蛙。每年10月，它总是一群一群地来到草地，保护自己免受天敌的袭击。但是，非常不幸，它们常常遭到某些大型动物的捕猎。

雪蛙：常常栖息在花坪自然保护区的岩石山洞里，寒冬时才出来。它有着粉红色的背部和红色的眼皮。眼皮上长着两根尖硬的刺，作为与天敌战斗的武器。这里青蛙十分丰富，一年四季都可以看到。

5．急湍的河流和咆哮的瀑布

急湍的河流和清澈的小溪，流遍这里的森林、低地和草甸。壮丽的山上，点缀着清泉。清泉里水晶般的泉水，从山上潺潺流下，河流从山坡上奔流而下。这些清泉和河流，是柳江的水源之一。柳江是广西壮族自治区的一条大河，为数十条壮丽的瀑布提供水源。这些瀑布，响声轰鸣，水花飞溅，奔腾而下，跌入峡谷。红滩、平水江、白燕、板水洞和长明湾等八条大瀑布最为驰名，也最具吸引力，有的如龙腾虎跃，气势磅礴；有的像条条银河，从天而降；有的如条条银练，悬于空中。其景色极好，是中国最使人赏心悦目的景观之一。

花坪自然保护区是一座鲜花密布、野花烂漫的天然公园。繁盛的鲜花、壮丽的森林、高耸的山峦和优美的景色，吸引着日益增多的游人，一年四季不断涌进这个保护区。但是，人类对这里自然景观的威胁，已经成为令人担心的主要问题了。

花坪自然保护区为银杉和其他珍稀古老树种及其天然生境的科学研究，提供了一片理想的研究基地。自从这个保护区建立以来，已经开展了广泛的科学研究，并且已取得了一些研究成果。研究项目包括银杉的生态和生物特性；银杉和具有重大科学和经济价值的其他树种；许多蜜源植物的人工栽培。在科学研究的支持下，养蜂业也有了很好的发展。

花坪自然保护区建立以后，这里所有的动植物及其天然生存环境都受到了严格的保护。所有的山峦都已封闭，不对群众开放。为了商业目的而进行的森林采伐和狩猎都已禁止，以保证这里的天然生态系统能够可持续发展。

第九章

四川省的自然保护区

一、卧龙自然保护区

1．保护区简介

卧龙自然保护区位于四川省汶川县西南部，岷江上游的右岸，邛崃山脉的东坡，东西长52千米，南北宽62千米，面积为2000平方千主，是全国最大的大熊猫自然保护区。这里正处在四川盆地向青藏高原过渡的高山峡谷地带上，山峰高耸，河谷深切，地势由西北向东南急剧倾斜。东边的木江坪最低，海拔高度为1200米，西北边缘的四姑娘山为最高点，海拔高度为6250米，也是四川省的第二高峰。从木江坪至四姑娘山，水平距离仅有48千米，海拔高度竟相差5000米。此外，还有巴朗山、牛头山、钱粮山等主要山岭，超过海拔5000米的山峰就有101座。由于强烈的构造运动和外力的侵蚀切割，形成了众多的“V”字形山谷和梳齿状、峰林状地貌以及众多的溪河。群山环抱，溪水长流，寺峰连绵，翠谷纵横，云遮雾障，景色宜人，山间泉水叮咚，悬崖瀑布如白龙戏珠，清凉深幽。

河流及其支流两岸，屹立有陡峭的山坡。云杉和竹丛，遮蔽着高耸矗立的悬崖和岩嘴，很难攀登。这里的植被种类丰富，生长茂密。许多植物和动物物种，在中国其他地方没有分布，但在这里却生长茂盛。森林里，长满了经历了数个

世纪的原始老龄树，茂密葱茏，苍劲挺拔，使人敬畏。巨树参天，遮天蔽日，构成摩天的森林，林木上长满了茂密的苔藓。高度集中的湿气，带来充沛的雨水。年平均1500毫米～1800毫米的降雨量，使这里气候凉爽而潮湿，对这里森林生态系统的生长极为有利，更重要的是，为中国现存最大的大熊猫种群提供了乐园。

卧龙拥有范围广泛的植物，包括3000多种高等植物，其中24种受国家保护。一些古老稀有的植物，也保存在这里。以珙桐树为例，它是中国特有的、珍贵的落叶树种，属于国家保护的一类植物，这里有6.07平方千米珙桐林。

这里的山峰上，森林密布，林海浩荡，树种多样，绿树葱茏。即使在靠近峰顶的地方，也森林茂盛，峰峦青翠，景色壮丽。海拔1500米以下的山峰，布满了亚热带常绿阔叶林，其主要树种有油樟、山楠、小果润楠和栎树。这个地区气候变幻无常，时而云雾缭绕，雾海茫茫，峰峦隐没于云海之中；时而阳光灿烂，满山披彩，万物生辉。阳光透过浓荫翠盖，成为一道道光柱和斑斑的阴影。茂密的森林遮掩着绿色的林地。进入盛夏，大量的浆果藤蔓，生长茂盛，果实累累。灌木、野花、蕨类、苔藓和地衣，各种植物铺满林地，似乎都为讨游人喜欢而生长。这里大部分树木都有经济价值，有些树木提供木材和香料，有些树木是生产淀粉的原料。

茂盛的藤条盘绕着高大的树木，是这些森林里普遍的景观。葛藤是藤条的一种，其粗大的地下茎，富含淀粉，可供食用。五味子是另一种珍贵的藤条，各个部分都很有用：果实是药材，能治疗咳嗽、气喘、痢疾和夜间盗汗；茎、叶和果实，可产芳香油；藤条是

四川卧龙自然保护区

繁花似锦

良好的绳子代用品。胡颓子和野核桃，都富含单宁。

常绿树与落叶阔叶树，在海拔1500米～2100米之间的山上，构成了另一种森林。桦树、榛子、槭树和漆树，与常绿树混合生长，构成常绿树与落叶阔叶树的混交林。珙桐树在这里也生长茂盛。

在海拔2100米～2600米之间，由于海拔升高，气温逐渐下降，为抗寒树种创造了良好的生境。森林演变为针叶树和阔叶树的混交林，主要树种有铁杉、冷杉、云杉和松树。杜鹃、花楸树等灌木和各种竹子，在林地上生长茂盛，郁郁葱葱。塔形的云杉树，点缀在杜鹃花之间。海拔更低的地方，散布着桦树和槭树等落叶树，各种灌木生长茂密。

亚高山针叶林，分布于海拔2600米～3600米之间的山上，主要树种有云杉和冷杉。这些树木高大挺拔，树干通直，普遍高达50米，构成一幅壮丽的景观。这些树木，不仅具有重要的观赏价值，而且能生产极好的木材和单宁，也为造纸和人造丝工业提供原料。

这些原始林里，树木、野花和灌木种类丰富。参天的巨树，赫然耸现，好像教堂里的圆柱，巍然屹立。其摩天的树冠，常笼罩在云雾之中。抬头仰望，巨柱华盖，插入云霄，使游人变得渺小。宁静幽寂的气氛弥漫林中，只有树顶的风声和鸟儿的歌声，打破静寂，一切景象，都给你在这里的漫游带来美的享受。在森林中悠然而行，欣赏壮丽的森林，呼吸山间清新的空气，可以使你心旷神怡，精神振奋。

海拔3600米～4000米之间的山峰区，夏季很短，瞬间即逝。冬季气候寒冷潮湿，白雪皑皑，大地白茫茫一片。森林在这里逐渐消失，低矮的高山灌丛和草甸代之而生。各种高山杜鹃花和许多伏地而生的植物覆盖着地面，大量抗寒的草本植物分布其间，报春花、珠芽蓼、金莲花等各种野花，在开花季节里竞相开放，争奇斗艳。金黄色、粉红色、绛紫色、雪白色和葱绿色，构成这里特有的高山花园，色彩缤纷，一片锦绣。6月下旬，花香四溢，空气清香。陡峭的山坡上，高大的灌木十分茂密，人和动物难以通过。

海拔4000米以上的地方，强风劲吹，气候干燥，只有少数植物能适应这种恶劣的环境，其他植物无法生长。

海拔4200米以上的地区，终年积雪，气候严寒。但是，在这些寒冷的高山地区，雪莲却生长茂盛。雪莲是抗寒植物。它白色的花朵，直径达10厘米～15厘米，白嫩可爱，气味芬芳，沁人心脾。在冰雪覆盖的高山上，它顶风傲雪，迎霜怒放，引人注目。

卧龙自然保护区一年四季景色旖旎，激动人心。在这里旅游，虽因山高坡陡，行走费力，但可欣赏完美无损、令人惊奇的天然美景。高山巍峨，奇峰峥嵘，谷壑深邃，山清水秀，花草茂盛。天气晴朗时，远处群山竞秀，高峰比美，陡峭嵯峨，历历在目，白雪覆盖的峰顶，形如白色尖塔，伸向高空，隐约可见。这些壮丽的景色，给游人提供了在偏远地区和深山密林里游历探险的机会。而可爱的大熊猫，更深深地吸引着游人。

这里的春天，总是野花遍地，色彩纷呈，生机勃勃，绿意盎然。无数的竹笋，悄然萌生，密密麻麻。每到四月，漫山遍野，繁花似锦，色彩斑斓。许多植物，从早春到仲夏，鲜花盛开。即使到了9月，有些草本植物仍然开花。但是，6月下旬，是赏花最好的时间。火红的杜鹃花，使山峰变得靓丽。其他最常见的野花，有野玫瑰花、樱桃花、野百合花和兰花。打破碗碗花、山酢浆草、堇菜和肾叶金腰等，都溢香吐艳。点地梅和其他野花，点缀在深绿色的草地上。9月是蘑菇茂盛的季节。多种多样的蘑菇，白色的、粉红色的和黄色的蘑菇以及其他真菌类植物，闪烁在森林之中。这里的景色非常迷人，你一定会被深深打动。

这里的山峰，常常笼罩在云雾之中。浓雾在山顶上缭绕，使山顶隐约可见。浓雾笼罩的山峰，时隐时现，变幻迷离，使人感到似乎所有的山峰，都悬在空中。甚至山谷里也薄雾弥漫，构成一片雾海，使群峰模糊不清。但是，太阳升起时，彩霞满天，云雾消散，山峰突然靓丽，一片清秀。浓雾笼罩的山顶与面目清晰的低山坡，形成鲜明的对比。

白云常常笼罩着山坡，而山顶却直刺蓝天。变化无常的云雾，有时变成团团的白云，好像一面面旗帜，形成许多巨大的白色云旗，缠绕于高耸的山峰，构成一幅特殊的景象，吸引着所有的游人。

然而，这里最显著的特征，或者最吸引人的景色，还是低山坡多彩多姿的秋色。靓丽的黄色、红色和橘黄色的槭树叶、杨树叶、桦树叶和荚莲属植物的叶子，给山谷和山坡染上了灿烂的色彩。连那些狭窄的峡谷，也映射出美丽的秋色，使游人驻足观赏这些极好的天然美景。这些阔叶树的叶子，色彩斑斓，与高海拔地区的云杉、银杉、铁杉和松树等深绿色的树叶以及竹子和杜鹃花一起，形成色彩斑斓的人间美景。杨树宽大的叶子，最引人注目。它那靓丽的黄叶，给秋色增添了灿烂的光彩。柳树则展现出斑斑的暖色。槭树、栎树和其他落叶树的叶子，也使这里的景色变得靓丽。黑浆果灌木沿路生长。粉红色的荞麦花开遍田野，好像五彩缤纷的地毯，铺满山边。沿着森林，步行漫游，秋叶的色彩十分迷人。

进入冬季，白雪覆盖了所有的山峰。被白雪覆盖的高峰，伸向蔚蓝的天空，当太阳升起，在灿烂的阳光照射下，高峰显得格外靓丽，即使进入夏季，有些峰顶和山顶仍然白雪皑皑。

卧龙自然保护区保存着原始的天然景象，并提供享受旷野幽静的机会。到处一片宁静，除了咆哮的河流和哗哗作响的小河以外，似乎这里的一切都悄然无声。置身于这些静寂的森林之中，会使人很快忘记外面的嘈杂。这些森林，连阳光和噪声也隔于林外，在这些非凡多样的自然美景中漫步，可以欣赏这个森林世界的迷人景色。

在这里，有一件有趣的事，就是在温暖季节的凌晨或黄昏，到沼泽地边静静地坐着，倾听由鸟儿的歌声和青蛙时而插进的叫声组成的合唱，很像一场奇妙的音乐会。

这里的大河小河，激流湍湍。其中澜沧江最为突出。江岸的峡谷逶迤曲折，峭壁陡立，令人生畏。小河两岸，柳树杨树，茂盛葱茏。河岸的岩石上，覆盖着苔藓和蕨类植物，散发着清新的芳香。河水清澈透亮，水中大量的鱼群清晰可见。

许多瀑布形态各异。汹涌的河水，流过岩石，奔泻而下，如雾如纱，闪闪发亮；或变成巨流，流过悬崖，形成壮观的瀑布，雄浑磅礴，水声轰鸣，空谷传响。有些瀑布，如条条白色缎带，飞奔直下，跌入下面深绿的深池，激起飞溅的水花，好像飞珠溅玉，景色迷人。

2．大熊猫的乐园

大熊猫是世界上最讨人喜爱、也是最稀有的大型哺乳动物之一。这种可爱的动物，有着雪白的皮毛，又有黑色的腿、肩膀、耳朵和椭圆形的眼圈衬托，黑白相间，使其颜色对比更加鲜明。大熊猫性情温驯，天资聪明，能熟练地模仿人类的动作，并能做一些独特的表演。它的前爪，有6个爪趾，像手一样，能将竹竿或类似的东西灵巧地抓起和放下。它厚厚的皮毛，能抵御寒冷，使它栖息于寒冷的山峰上也能够健康存活。

大熊猫属于杂食动物，却以竹子为主食，包括竹叶、大竹竿和小竹笋，只是偶尔吃动物的肉。因此，它被认为是食肉动物中的素食者，或者干脆被称做食草动物。

大熊猫是世界上最稀有的动物之一。因其骨骼与古时大熊猫的骨骼十分相像，所以它以“活化石”而著称于世。世界自然保护基金会用大熊猫的图像作为该会的会标，说明它的稀有性和珍贵性，也说明保护大熊猫这种地球上最可爱的濒危物种的重要性。数百万年以前，大熊猫生长旺盛，当时的数量很多。那时，它遍布中国南方各省，甚至中国北方的河北省，也曾发现过它的化石，说明当时适合大熊猫生存的地区相当广阔。

不幸的是，大约200万年以前，在第四纪的更新世，气候巨变，冰川活跃，反复伸缩，整个北半球气温普遍下降。在那种恶劣气候的威胁下，中国动物种群的演替，经历了变化、分化和迁徙。在更新世的晚期，大熊猫的栖息地普遍缩小，大熊猫的数量急剧减少。它被迫只栖息于我国四川省西南部很小的地区里，那里高山连绵，高峰林立，深谷密布，气候温暖潮湿，也栖息于靠近我国陕西省和甘肃省的一些地区。这些地区为在冰川时代躲过灾难而幸存下来的数量很少的大熊猫，提供了极好的庇护地，成为大熊猫分布的极限区。不断恶化的环境，迫使大熊猫处于绝种的边缘，因而引起了全世界的关注。

3．大熊猫的王国

大熊猫是身躯很重的大型动物。一只发育良好的成年大熊猫，通常体重85千克～110千克，有的体重能达到125千克～150千克，身长160厘米～180厘米。不同性别的大熊猫，体重也不相同。为了很好地适应其环境，它的四肢粗短笨重，不能快行。也许是由于这些原因，即使受到人的声音和活动的惊吓，受到狗的骚扰，它也慢条斯理，从不加快步伐。大熊猫是一种随和而迟钝的动物，在危急的情况下，它也从容不迫地行走。即使在被狗追赶时，也从不快跑。但是，在陡峭的山坡上和茂密的竹林中，它能在一天之内，从容轻松地行走很长的路程。

大熊猫的视力不佳，不能很快地看出危险的东西。但是，它的嗅觉和听觉都很灵敏，因此，它能发现距它40米远的人或天敌。大熊猫常用嗅腺作为通讯联络的工具。它的眼睛与猫的眼睛相像，瞳孔垂直，能很灵活地调节光线。这说明大熊猫是夜行动物，具有特殊的视网膜，对光的变化十分敏感。

大熊猫也是独行动物，不喜欢结群，喜欢独居和单独到处游荡。只有在繁殖期内，雄性大熊猫与雌性大熊猫才共同居住和行走很短的时间，通常只是几天的时间，然后又彼此分开，单独居住。

大熊猫主要以竹子为食，食物单调，范围狭窄，有时也吃蜂蜜。而且，它对竹子的品种也极为挑剔。卧龙自然保护区内生长着各种竹子。但是，大熊猫只对箭竹特别喜欢。尽管如此，它也不喜欢吃低洼地区和林中空地上的箭竹，以及海拔较高处，如3200米～3400米高处的箭竹，因为这些地区的箭竹竹竿较细，质量不高。它常常后腿站立起来，把许多高竹竿扳倒，然后坐下来，吃竹叶、竹枝和部分竹竿。偶尔也在它单调的食谱上，增加少量的其他植物或动物肉。但是，竹子却占其食物的99%。一只成年的大熊猫，每天吃掉的食物数量惊人，平均每天要吃掉12.5千克竹竿和竹叶。大熊猫也喜欢吃新生、鲜嫩的竹笋，因为竹笋里含有丰富的蛋白质、脂肪、糖和多种维生素。因此，在竹笋生长季节里，它每天要吃掉38千克竹笋。

大熊猫最大的兴趣，是到处觅食——寻找竹子和水。它靠其高度灵敏的鼻子，来完成这项工作。它到处蹒跚而行，四处瞭望倾听。但主要靠鼻子，闻闻这里，闻闻那里，也时而坐下，扬起脑袋，或站立起来，不眨眼睛，凝视四周，似乎一切都一目了然。凌晨和傍晚，它到处觅食最为频繁。但有时也在夜间游荡，白天睡觉。这说明它有时夜间吃食，而不只是在白天。它平均每天花14.2个小时四处觅食，包括采集、准备和咀嚼竹子；9.8个小时用于休息。为了找到它喜欢吃的食物，它一年中85%的时间，都用于在海拔2600米的地区到处觅食。每年5月～6月，下到海拔较低的竹林里，吃新生的竹笋。

大熊猫喜欢阴凉潮湿的环境，不怕寒冷。因为它长期栖息在阴凉潮湿、箭竹茂盛的针阔叶混交林里，形成了这些习性。它常年在山峰上到处游荡，没有冬眠。在严寒的冬季，只要箭竹林没有完全被雪覆盖，那么即使气温已降到零下以下，它照样在竹林里走来走去，到处觅食。

喝清洁流动的水，是大熊猫的特别偏爱。它从不喝死水。因此，其栖息地总是靠近小溪或河流，以便于饮水。它喝水时，大口吞饮，发出声音，喝得很香。喝饱以后，摇摇摆摆，扬长而去。

大熊猫还是爬树的能手，特别是在繁殖季节和在被追赶的时候。冬季天气晴朗时，大熊猫最喜欢爬到树上，晒太阳取暖。

大熊猫是聪明的动物，能模仿人的一些动作。它靠后腿站立起来，将两条前腿当作手臂，经常用一条前腿挎着篮子，用另一条前腿握着扫帚；或将什么东西紧紧地抱在胸前；与它熟识的人握手以及翻筋斗等。受到追击时，它就跑到一个山坡上，用前爪捂着眼睛，将身子缩成一团，然后顺着山坡，翻滚而下。这是它节省时间和精力的最好花招，也是逃脱追击者的最好办法。为了保存精力，它喜欢在十分平坦的地区和缓坡上游荡，不喜欢在陡峭的山坡上走动，而且总是在很小的地区内觅食。

大熊猫很讨厌竹鼠，因为竹鼠与大熊猫争食，所以，大熊猫千方百计要杀死竹鼠。它最常用的战术，是用巨大的爪子，在竹鼠的窝上重拍猛击，并向竹鼠的窝里吹气，同时，在竹鼠的窝口外等待。当竹鼠惊慌失措跑出洞外时，大熊猫就将它捉住。如果竹鼠赖在窝里不出来，大熊猫就将竹鼠的窝捣碎。当大熊猫抓住一只竹鼠时，不是马上把竹鼠整死，而是用爪子玩弄，直到它玩得兴尽无趣时，才将竹鼠杀死。

现在，栖息在卧龙自然保护区森林里的大熊猫，数量较多，有100多只。但是，要想在野外看到大熊猫，却极其困难。因为它害怕陌生人，又躲躲闪闪，不喜欢被人干扰。

大熊猫没有固定的窝巢。它栖息于陡峭悬崖的崖嘴下面，云杉、冷杉、铁杉、桦树等树基之下或者树根之下。它栖息于何地，取决于那里有没有箭竹和水可供它食用，因为箭竹和水是它最主要的食物种类。所以，它常常在一个地方只停留很短的时间。它最喜欢的栖息地，总是在海拔1600米～3000米之间的针阔叶混交林里和亚高山针叶林里。这些地方的山峰上，竹林茂密茁壮，河水清洁流动，食物充足，不受天敌侵袭，是大熊猫安全的栖息地。只要这些生活必需品足够它食用，没有匮乏，它就在很小的一个地区里游荡，否则，就要到处游荡，找到另一块它喜欢的地区，定居下来。当大熊猫位于树木基部的栖息地被埋在深雪之中，气候寒冷时，它也不畏寒冷，因为它那厚厚的皮毛足以防寒保暖。

除了在某些特殊的情况下以外，大熊猫平时很少发出响亮的叫声。一只成年的大熊猫，能发出各种不同的叫声，主要有像雁叫、像羊或小牛叫、像狗叫或像狮虎吼叫。这些叫声，在不同的情况下发出：在交配季节里寻偶和交配时；在受到惊吓时；被抓住、关进笼子时……大熊猫最常发出的叫声，如同鸟叫。这样一种大型哺乳动物，叫声却如此细弱！当受到狗的追击时，其叫声响亮，则如狗吠。

在交配季节里，雄熊猫为了寻偶或与其情敌争偶，也会发出吼叫。

雌熊猫7岁时，性已成熟。此时，可以交配，并可生仔。通常3月中旬至5月中旬为其交配季节。在此期间，雌熊猫急切渴望找到雄熊猫，持续数日，这叫作“发情期”。当一对大熊猫一起行走时，就预示着它们可能很快进行交配。这对大熊猫，通过互相轻轻地抚摩和柔和地拍打互相调情，接着，大声咩叫，然后，双方将身子贴在一起，雄熊猫趴在雌熊猫身上进行交配。幼熊猫在母熊猫的子宫里发育成长97天～163天，这段时间叫作妊娠期。在产仔时，雌熊猫在岩嘴下选择一个岩洞，筑起窝巢。然后，咬断一些竹竿，在岩洞里铺起一个圆床，这就是雌熊猫产仔的地方。幼仔出生后，雌熊猫用其乳汁哺育幼仔。在抚养期间，雌熊猫致力于抚育幼仔，而雄熊猫单独走开，似乎它已完成了繁殖的任务，把一切事情都留给雌熊猫去做了。

在幼熊猫出生之后的3个星期之内，雌熊猫用前腿将幼熊猫抱在怀里，几乎一刻也不让幼熊猫离开它的怀抱。从第四周到第七周，雌熊猫带着幼仔走出窝巢，教幼仔如何自己谋生、照顾自己，包括如何觅食和寻找栖息地，如何自己料理生活以及如何爬树的技能。幼熊猫在三四个月之后，能够行走时，雌熊猫都陪伴着幼熊猫。在教导幼熊猫期间，雌熊猫像一本活的教科书和一套活的视听教材。起初，雌熊猫带着幼熊猫到处觅食，幼熊猫观察并注意雌熊猫如何觅食。以后，幼熊猫开始模仿，然后，它都会自己干了。幼熊猫在五六个月之后，开始吃竹子，在八九个月时，完全断奶。18个月以后，幼熊猫开始脱离雌熊猫，独立生活了。

当遇到异常情况时，雌熊猫

会置身于幼熊猫与危险物之间，掩护幼熊猫。但是，大熊猫自卫能力很差。有些雌熊猫在受到天敌袭击时，竟然丢弃了它们的幼仔。豹子、野狗和狼，都是大熊猫最危险的天敌。几年前，在卧龙自然保护区里，这些天敌杀害了一些幼熊猫。大熊猫，特别是幼熊猫，都有祖传的弱点——十分怕狗。它们听到狗的叫声，就感到惊恐，甚至闻到狗的气味，就十分害怕。大熊猫是善良然而粗心的动物。有些雌熊猫，曾在森林中丢失了它们的幼仔。

大熊猫的繁殖能力很低。其繁殖力退化的内部原因，是受孕困难，或者叫作遗传缺陷；产仔率很低，每3年只产1个～2个幼仔；近亲繁殖；单独生活和自卫能力差。就外部原因而言，其栖息地遭到破坏；由于竹子枯萎而引起的饥饿；天敌和疾病的伤害，都是大熊猫数量减少的致命原因。这些不利的条件，使大熊猫处于绝种的边缘。

4．野生动物的乐园

卧龙自然保护区野生动物十分丰富，也是一个广阔的野生动物庇护地。不仅具有极好的野生动物栖息地，而且，以珍稀动物种类繁多而闻名于世。大量的哺乳动物，舒适地栖息在这里。大熊猫和其他许多野生动物，都喜欢这里。它位于茫茫荒野的深处，自然环境保持原样，人迹罕至，僻静幽深。这里不仅哺育着中国数量最大、最密集的大熊猫种群，保护着世界上最珍贵的动物物种之一，而且还拥有86种野兽，232种鸟，10种两栖动物，14种爬行动物和6种鱼，占全中国动物物种总数的19%。种类繁多的哺乳动物，包括南方的喜温动物和北方的耐寒动物。但是，就其稀有性、珍贵性和管理程度而言，大熊猫居于首位，受到人们的特别关注。

这里14%的动物，包括金丝猴、白唇鹿、雪豹和云豹等，属于国家保护的一类动物。受国家保护的动物，有一半栖息在这里。其中有苏门羚、青羊、黑麂、麝、毛冠鹿、豺、小熊猫和黑熊等大型哺乳动物。

岩羊是这里最常见的大型哺乳动物，常常50只或更多的岩羊结为一群，出来活动。这种羊呈蓝灰色，腿上有黑道儿，胸部有黑斑，双角特别大，向外伸开。岩羊形象独特，其他野生动物有着明显的不同。它身上的毛很长，能适应山峰上寒冷的气候。它身躯优美，姿态优雅。当走近高山时，它的脑袋仰向后方，前腿高举。在早晨的阳光下，它停留在两山之间，背靠蓝天，轮廓清晰。当受惊时，它能跳过悬崖，再跳到山上，然后跳跃而去，跑得无影无踪。

大群大群的金丝猴，常来往于森林之中。在阳光下，它们丝线似的长毛，像金子一样闪闪发亮。它们天蓝色的面孔，朝天的鼻孔，使其带有喜剧的表情。有些金丝猴，坐在桦树枝上休息或瞭望；而有些金丝猴，则为争食橡果而争斗不休；还有一些金丝猴，互相追逐嬉戏。一只母猴，将幼猴抱在怀里，从这个树梢游荡到另一个树梢，它的尾巴好像船舵，指向天空。金丝猴的耳朵很灵，能听到微弱的声音，当受到惊扰时，它们一边发出尖声惊叫，一边跑散。有的从树上摔下来，但又很快爬起来，跳到另一棵树上；有的慌慌张张，匆匆忙忙，跳跃飞奔，跑进森林，再也看不见了。

在这里的山峰上可以看到狐狸、鼠兔、短尾棕狼和长尾狼，都是这里数量最多的哺乳动物，主要栖息于较高的山地上。

大群的迁徙雁在河里游泳，人们可听到它们的叫声和啁啾声。大群的乌鸦，在头顶盘旋。雀鹰在雾边飞翔，或者栖息在小山顶上。雪鸽掠空而过。一对一对的渡鸦，飞过头顶，然后飞出人们的视线，消失在云雾中。山雀也叽叽喳喳，叫个不停。

野鸡在这里到处可见。最著名的是藏马鸡。它是一种高山鸟，长着白色的羽毛。激动时，叫声像号角。

竹林中血雉极多，常可看到。即使山峰上覆盖着白雪，它们也大群大群出来活动。红红的腿、高高的毛冠和绿色的羽毛，将它装扮得异常美丽。当它受惊时，就飞进森林。

松鼠和土拨鼠也常可看到，特别是在春天和初夏的时候。

每年6月，鲜红和金黄色的太阳鸟与许多其他的迁徙鸟，在森林或草地上空迅速掠过。布谷鸟响亮的叫声，给卧龙自然保护区增添了活跃的气氛。

大熊猫能够奇迹般地存活至今，是世界上最大的奇迹之一。大熊猫现在在全世界受到最大的宠爱，在中国，被列为国家保护的所有珍稀动物之首。因此，当卧龙自然保护区于1980年加入联合国“人与生物圈保护区网”时，就已将保护大熊猫的项目列为国际项目。

20世纪70年代和80年代，当大片大片的箭竹两次枯萎死亡时，大熊猫曾先后两次出现生存危机。箭竹是大熊猫的主要食物。所以，在这两次危机中，大面积的箭竹开花后枯萎，使许多大熊猫因饥饿而死亡，许多幸存的大熊猫也严重虚弱了。当时，它们面临着绝种的可能。为了紧急抢救大熊猫，中国政府拨出巨款和物资，全世界的人民都为抢救大熊猫的事业捐款。世界自然保护基金会、世界保护联盟及其他国际组织，也都支援了资金和物资。

大量的当地人民，都投入了抢救工作。有些农民将饥饿的大熊猫抬回家里，给它们喂大米稀饭，像照顾小孩一样照顾那些病弱的大熊猫。有些农民将有病的大熊猫抬到医院去急诊。当这些大熊猫康复以后，就将它们放回山里去。

卧龙自然保护区的相关工作人员曾对大熊猫进行过全面的健康检查。通过健康检查，找出了大熊猫生理上的问题和对其进行医疗的措施。1994年，成都市成立的中国第一家珍稀野生动物精子库开张了。这里贮藏着1000多块采自数十只大熊猫的冷冻精液，作为将来繁殖大熊猫之用。人工繁殖大熊猫，不仅在卧龙自然保护区和其他自然保护区内进行，而且在中国一些动物园里也在进行。人工繁殖大熊猫成功的消息，从四面八方不断传来。其结果，不仅增加了大熊猫的数量，而且也增长了关于人工繁殖大熊猫的科学知识。

在为保护大熊猫而建立的自然保护区里，甚至在全中国，凡是对大熊猫有利的措施，都受到法律的保护，而任何对大熊猫有害的行

为，都绝对禁止。

近几十年来，为保护和照料大熊猫而做出的巨大努力，已使中国大熊猫的数量增长到1000只左右，比几十年前增长了很多。

1962年以来，中国已经建立了14个以保护大熊猫为主的自然保护区，占地面积达5830平方千米。这些保护区建立后，紧接着进行环境改良，使之对大熊猫有利。卧龙自然保护区占地面积2000平方千米，是中国第一个保护大熊猫的自然保护区，也是大熊猫最大的庇护地。这里聚集着现存大熊猫最大的数量。为了全面保护现存的大熊猫，从1992年到2000年，沿着四川省、陕西省和甘肃省的边境，建立了另外14个自然保护区，占地总面积4242平方千米，此外，还建立了17条大熊猫通道和28个大熊猫保护站。这些走廊和保护站，将过去分散的大熊猫自然保护区，连接成一个地域辽阔、面积巨大的大熊猫保护区。在这里，已经种植出更多的云杉、冷杉、桦树和箭竹林，以改善大熊猫的栖息环境。从1984年到1986年，政府鼓励1500位居住在这个自然保护区里的农民搬出皮条河上游，因为这条河是流经这个自然保护区、大熊猫栖息的重要河流之一。从这条河上游搬出来的农民，定居在这条河的下游，将他们以前的农田和牧场留作营造树木和竹子的森林，符合大熊猫的需要，为大熊猫重建家园；此外，当地政府给当地居民各种奖励，鼓励这些居民改变他们传统的生活方式，减少他们对大熊猫栖息环境的破坏。为此，国家向这些居民供应更多的电力代替烧柴。凡是保护森林和野生动物的人，包括当地政府，都受到奖励。为了保护大熊猫的栖息地，从1975年开始，禁止采伐森林。

卧龙自然保护区，已经成为关于大熊猫的一个重要研究中心，其中部分地区对游人开放。因而，它也是一个极好的天然教学基地和迷人的美景区，可供游人游览。

然而，卧龙自然保护区现在仍面临着一些问题。例如，环境的污染和不断增加的游客，威胁着这里的珍稀动物及其栖息地；居住在这里的4000位居民，坚持他们传统的农田耕作法，过分使用这里的天然资源等。所以，在保护珍稀动物及其栖息地方面，要做的工作还有很多。

二、黄龙自然保护区

1．保护区简介

黄龙自然保护区位于四川省岷山的东南部松潘县富含碳酸盐的地区。保护区面积400平方千米，展示着大量令人眼花缭乱、色彩缤纷的喀斯特（岩溶）地貌。这是一种特殊的地貌，以其天然奇景吸引着无穷无尽的游人。

这里高度发达的喀斯特地貌，是由连绵不断、波浪起伏的石灰石地质剖面构成的。乍一瞥，它们好像是人造的梯田或者石头台阶。实际上，它们是大自然精雕细刻的奇迹，沿着海拔2200米～2800米高的黄龙沟的谷坡伸展开来。峡谷的缓坡，主要由富含碳酸盐的岩石构成。峡谷的底部，布满了一层乳黄色、白色、绿色和褐色的碳酸钙沉积物。石钟乳河槽、梯池和台地，延伸10多千米长。每个石灰石梯池都五光十色，其形状大小各不相同，最大的梯池有2000平方米，最小的梯池却像脸盆一样小；而且，每个梯池里，都充满了清澈的雨水和泉水。所有的石灰石梯池，都色彩纷呈，有苹果绿、粉红色、橘红色、翠绿色、靛蓝色、红色和栗色。梯状湖群，层层叠叠，在阳光的照射下，色彩亮丽，熠熠闪光，更加生动。峡谷两侧和梯池的堤埂上，弯弯曲曲的柳树，苍翠蓊郁；色彩艳丽的杜鹃花，瑰丽多彩；深绿色的冷杉及冰雪盖顶的山峰，都倒映在池水之中，形成色彩斑斓、景色如画的景点，使游人驻足观望。泉水形成的小溪，顺着缓坡潺潺流下，或在谷底蜿蜒而流。小溪和梯池的水汇成巨流，流过悬崖，奔泻而下，形成五颜六色的瀑布。

喀斯特地貌是酸性水的产物。酸性水来自地下水或地表水，具有特殊的化学作用，流过石灰岩、白云岩和类似的岩石，空气中的二氧化碳和土壤里的腐殖质，将水转换成碳酸盐溶液，将石灰岩溶蚀。在不同的气候条件下，产生了特征和形状各异的喀斯特景观，通常有崎岖不平的景观、陡峭险峻的山峰、平台、低洼的椭圆盆地、大量的角塔、高塔、圆柱等形状。长期连续的风化和水蚀，形成了所谓喀斯特的网络，包括山峰、岩洞、水道、落水洞、地下河和水泉等。因此，是碳酸盐溶液的溶蚀，塑造出了这些奇异的地貌。

当含有二氧化碳的水流过这个地区的石灰岩，就溶解了碳酸盐岩，并且，形成了超饱和的碳酸铁溶液，在谷底产生了黄色、白色、绿色和褐色的碳酸钙沉积物。这种地貌，通常出现在溶洞底部或者喀斯特泉的上部。出现在黄龙辽阔的地区里，地面上大量的石灰石台阶，明显的喀斯特形成物，都是十分罕见和十分珍贵的地质结构。富含二氧化碳的泉水从岩石的缝隙里流过，汇集成小溪。这些小溪，在地面上流动时，在水分的蒸发和二氧化碳的扩散中，形成碳酸钙沉积物。此外，水中的藻类也吸收一些二氧化碳，增加了碳酸钙的沉积，其结果是形成了大量的石灰石梯池。这些梯池，为无数的藻类和细菌提供着给予生命的天然水库。由于藻类和细菌的不同品种，展现出各种各样、丰富多彩的颜色，给这里壮丽的喀斯特地貌增添了美景。

2．保护区的美景

黄龙自然保护区吸引着大量的游人，不仅因为罕见迷人的喀斯特美景，而且也因为这里具有大量保护良好、郁郁葱葱的天然植物和种类繁多的野生动物。从海拔2000米的谷底，到海拔3800米，喀斯特地貌上覆盖着亚热带常绿与落叶阔叶混交林、针阔叶混交林、亚高山针叶林，云杉和冷杉等珍贵的树木占压倒性优势，大量的竹子和杜鹃点缀其间。海拔3800米以上，布满了高山灌丛和草甸。这些森林，在保护水源和保持天然生态系统平衡方面，发挥着极为重大的作用。

从5月到7月，阔叶林里的山桂花盛开。耐阴的野花在这里生长旺盛，开得艳丽。沿着小路漫步游览，可以欣赏最好的景色。在植物丛生的野外，整天步行漫游，十分愉快。秋季，沿着林道游览，可以欣赏壮丽的秋色。这里极好的自然条件，为400多种野生动物，包括受国家保护的大熊猫、金丝猴、云豹、小熊猫、豹子、金猫、麝鹿、水鹿、毛冠鹿、红腹角雉和藏马鸡等23种珍稀的受国家保护的一类动物和二类动物创造了理想的栖息地。一系列的水池，为多种水禽提供乐园。鸣禽是这里常见的鸟，特别是在春季迁徙期里。迁徙的猛禽，秋季从这里飞过。崎岖不平、此起彼伏的地形上，高耸入云的山峰和“U”形的峡谷密布。黄龙自然保护区既有迷人的环境，又有无与伦比的美景，而且，是一片宁静幽寂之地。

3．保护性的科学研究

黄龙自然保护区是四川省一个十分重要的生物基因库。它与西北面的九寨沟自然保护区和东面的卧龙自然保护区邻近，将成为珍稀动物的保护中心，也是互相连接、地域广阔的野生动物庇护地。另外，作为喀斯特侵蚀区的优良典范和喀斯特地区中十分独特的地貌，它是研究地质和生物科学的极好研究基地。这里是一个人们喜爱的风景区，也是娱乐和旅游的好地方。但是，不断增加的游人，给这里的珍稀动物带来了威胁，也冲击着这里的自然环境。因此，应该将保护作为头等重要的事情。

三、九寨沟自然保护区

1．保护区简介

在中国西南部四川省九寨沟县、岷山南麓，有一个神秘的王国，以闪烁的湖泊、壮丽的瀑布、森林茂密的山峰和深邃的谷壑而著名，这就是举世闻名的九寨沟自然保护区。它是中国景色最秀丽的保护区之一。因为它湖泊密布，瀑布飞悬，景色旖旎，绮丽迷人，所以，被赞美为“人间仙境”“神话世界”。实际上，它是中国南方自然条件保持原样的一片荒野，一块独特而封闭的地区。九寨沟位于温带和亚热带之间的过渡地带，聚集着温带和亚热带的植物，形成多种树木的混交林，苍翠蓊郁，生长不息。这里的山地森林，随着季节的变化而改变着九寨沟的面貌。春季，森林一片翠绿；夏季深绿浓郁；到了秋季，白蜡树、山杨、栎树和桦树的叶子，变成了色彩纷呈的黄色、红色和橘红色，景色多样，无与伦比。这里极好的自然环境，哺育着大量的野生动物。其中许多都是受国家保护的稀有动物。

最著名的动物有大熊猫、小熊猫、金丝猴、羚牛、河麂、印度野牛、水獭、天鹅和蓝马鸡。

据说，很久以前，这里曾经有过九个藏族村寨。因此，这个保护区的名称叫九寨沟，意思是峡谷里的九个村寨。九寨沟自然保护区的面积为600平方千米，拥有两条大山谷——日则沟和则查洼沟。最大的峡谷延伸60千米长，其中，散布着108个湖泊。秀丽的湖泊星罗棋布，是大自然奇异的精雕细刻。这些湖泊都分布在梯形的山谷里，构成奇特壮观的梯状湖群。湖旁雪峰林立，参差不齐，陡峭嵯峨。水晶般的湖泊，在苍翠欲滴的原始森林里、白雪盖顶的山峰间和蔚蓝色的天空下，闪闪发亮，给九寨沟增添了神奇的美景。这些湖泊的形状和大小各不相同，最大的湖长达7000米，宽10米～200米，10多米深。最小的湖泊面积只有300平方千。

春季，万物复生，生机勃勃，野花艳丽。3月～9月，野花遍地盛开，湖旁、山上和峡谷里鲜花密布。火红的杜鹃花、百合花、桂花、兰花和许多其他的野花，使这个保护区靓丽起来。然而，当这里的阔叶林换上了秋装时，秋季也是这里最壮丽的季节，山景最引人注目。九寨沟自然保护区也以其绚丽的秋色而闻名。到了中秋，树叶色彩斑斓。湖旁山边，焕发出黄色、红色和橘红色，其间点缀着常绿树的深绿色，展现出多彩多姿的景象。色彩斑驳的森林和苍翠端庄的常绿树，将湖泊衬托得更加迷人。一个又一个的湖泊，宛如一颗颗碧玉，镶嵌在群峰密林之间，使这里的景观更加壮丽，更加美好。

每一个湖泊都有其自然的或传说中的特征，一些有名的湖泊更加奇异瑰丽。

长湖：当地人称之为长海，长达7500米，500米宽，是九寨沟自然保护区里最大的高山湖泊。它在海拔3100米的山顶上闪闪发亮，是九寨沟自然保护区里最高的湖泊。湖水平静，深不可测，适合乘木筏或小船进行有趣和愉快的景色游。冬季，这里也是一片很好的滑冰场。

大熊猫湖和竹子湖：周围翠竹环绕，绿意盎然。这里是大熊猫的乐园，大熊猫常来这里，在湖里饮水，在竹林里吃竹子，幸运的话，有时可看到一只或两只大熊猫。

卧龙湖：从前，这个湖底有一条石坝，上面覆盖着碳酸钙，很像一条长长的黄龙卧在湖中。微风吹过水面时，水波荡起涟漪，它就徐徐蠕动。当山风吹来，在湖上掀起波浪时，它就摇头摆尾，不停地晃动，好像要从湖里跳出来。

犀牛湖：延伸2000米长。清澈的泉水，从旁边的森林里潺潺流出。因为泉水对一些疾病有疗效，所以，当地的藏族人将这条泉水当作神奇之水。这个湖叫作犀牛湖，是因为按照传说，一位藏族喇嘛为了表示他对这条神奇之水的崇敬，就将他的一头犀牛献给了这个湖作为礼品。这个湖还是开展水上运动的好地方。

数珍湖串：包括40多个大小不同的湖泊，分布在一个5000米长的地区里。许多瀑布将这些湖泊连在一起，成为湖串。周围绿草茂盛，柳树成荫。柳树红色的纤维根，一串连一串地在水中漂浮，有时将靠近湖岸的湖水染成了红色。附近一座藏族村落的旁边，有一间磨坊和一座木桥，可能是中世纪的遗物。

珍珠湖：一股激流从一座缓坡上奔泻而下，形成瀑布。清澈的落水自然解体，化作无数颗水珠，飘飘洒洒，四处飞溅，晶莹透亮，好像无数飞扬的珍珠。所以，人们将这个湖叫作珍珠湖。

五花海：湖面上荡漾的水波和水环，很像五朵美丽的花朵。在明媚的阳光下，湖底的沉积物和水藻斑驳陆离，五彩缤纷，景色秀丽，令人激动，所以被称为五花海。

芦苇湖：延伸2000米长，湖边芦苇茂密，湖上水禽密布。

火花池：当旭日东升、阳光照射在湖面时，放射出灿烂的光辉。湖上的红光斑斑点点，密密麻麻，好像湖面上撒满了无数的火花，闪闪发亮。

天鹅湖：其景象与其他湖泊十分不同。它延伸3000米长，湖面上布满了茂密而整齐的野草，好像由天鹅毛织成的地毯，一块一块，铺于湖面。夏季，野草中野花盛开，一群一群的天鹅和野鸭布满湖上。

这里许多湖中，保留着很久以前倒在湖里的许多树干和树枝。树干巨大，呈银白色，组成了迷人的水下公园。这些古老的树木，在漫长的形成过程中，被碳酸钙包围，含有多种像珊瑚一样的物质，所以变成了银白色。

2．美丽的瀑布

九寨沟自然保护区共有17条大瀑布。大量壮丽的瀑布，是九寨沟另一种吸引人的景象。闪闪发亮的蓝色冰河，从山坡上喷泻而下，也从海拔较高的高山湖泊里溢流而出，奔腾而下，跌落到悬崖上，形成了数十条较小的瀑布，跳跃飞舞，水花飞溅。有些瀑布，形若银屏，悬在空中；有的弯曲而下，好像银色的长龙，在悬崖上蜿蜒爬行；有的飞流而下，腾起团团水雾，变为霏霏细雨，四处飞扬，在灿烂的阳光下，如色彩艳丽的长虹挂在空中；有些瀑布，冬季结冰，成为冰瀑，构成九寨沟自然保护区里独一无二的奇特景象。

诺日朗瀑布：位于峡谷的中部，是九寨沟自然保护区里最壮丽的一条瀑布。滚滚激流，从140米宽的两座峡谷之间飞奔而下，形成一条30米长的大瀑布，好像龙腾虎跃，气势磅礴。其咆哮如雷之声，响彻周围数千米。

剑峰和飞泉：以其奇特之美吸引游人。数条泉水，汇成大水，从数百米高、雄伟陡峭的山峰上，奔流而下。纯净的天然泉水，潺潺不息，无穷无尽。

3．繁密的原始森林

从陡峭的谷底到巍峨的山顶，森林茂密，郁郁葱葱，构成极其美好的南方景观。多种多样的生态环境，哺育着丰富的植物，至今仍处于原始状态。这些可爱的处女林，以其不同的海拔高度，可分为三类。

海拔2000米～2400米的山上，气候温暖潮湿，覆盖着针阔叶混交林。喜阳的树种占优势，主要树种有栎树、桦树、杨树、白蜡树、三桠乌药、几种槭树和椴树等。领春木和黄栌等小树，生长在大树之下。针叶树有华山松、油松、冷杉和三尖杉等。山梅花、蔷薇、枸子、茶蔗和芍药等灌木，在林地上生长茂盛。

海拔2400米～3200米的高山上，布满了暗针叶林。耐寒云杉、云杉和冷杉等耐寒的树种为主要树种。由于这里气温逐渐下降，所以阔叶树消失了。但是，柏木、太白红杉和油麦吊云杉等散布林中。林地上箭竹茂盛，其间分布着灌木和草本植物。

海拔3200米以上的高山上，由于气候严寒，高山灌丛和草甸代替了树木，覆盖着高山。九寨沟是一个过渡地带，气候复杂，植物保护良好。它为研究这里植物区系的历史、动植物的垂直变化、天然生态、生物演化、古地理学和古气象学，提供了一个良好的研究基地。这里的自然美景，与藏式的建筑融为一体，是世界上独特的奇景之一。

尽管过去在科学研究上做过许多工作，但是，这里这些湖泊的起源，仍然是一个不解之谜。关于这些湖泊是怎样形成的，在科学家之间有一场争论。有些科学家认为，九寨沟是一个石灰岩地区，这里的水富含碳酸钙。碳酸钙积累在河床的石头上、倒落的树干上或树枝上，构成了一系列的碳酸堤岸，堵塞了小河和大河，形成了如此众多的湖泊。其他一些科学家认为，由于大量带泥的岩石，堵塞了山间的小河和大河，才产生了这些湖泊。而另外一种意见则认为，这些湖不是堰塞湖，而是由于冰川和水土的侵蚀而形成的湖泊，是石灰岩地区普遍的现象。这是一个有趣的课题，尚待进一步研究。

这里的旅游业正在发展，来九寨沟的游人日益增加。因此，这片未被开发的土地，正面临着被人类破坏的危险。希望在鼓励发展旅游业的同时，应该强调保护这里极好的自然环境，减少其退化。

第十章 贵州省的自然保护区

一、茂兰自然保护区

1. 保护区总览

茂兰自然保护区位于中国西南贵州省南部的荔波县。它拥有原始和保存完好的茫茫喀斯特森林（即岩溶森林）。这些喀斯特森林，在奇形怪状的岩峰和魄崖的衬托下，显得更加壮丽。茂兰自然保护区是一片遥远的、自然环境未受改变、群峰密布的旷野，群峰之间分布着河流和小溪。

茂兰自然保护区是喀斯特地貌一个极好的范例。长期分解的植被形成的水中饱和生物酸，逐渐溶解了石灰岩，因而形成了这里典型的喀斯特地貌。这里的喀斯特地貌，主要由石灰岩、白云岩和碳酸盐岩组成。它们产生出并且抚育着漏斗林、洼地林、盆地林和峡谷林等各种类型茂密的亚热带原始林。这些森林，都因其所在地区各种形状的地形而得名。保护区的总面积为200平方千米，其中193.67平方千米覆盖着茂密的喀斯特森林，占土地总面积的92%。这些面积巨大、郁郁葱葱的喀斯特森林完全是荒野原始林，延伸80千米长，20千米宽。这里的喀斯特林区，是地球上唯一留存下来的未受破坏、保存完好的喀斯特林区。因此，当森林已从其他所有喀斯特地区消失，当世界其他喀斯特地区只留下光秃秃的喀斯特地貌时，这个保护区里十分集中而且相对稳定的喀斯特森林生态系统，就成为稀世之宝了。

茂兰自然保护区里布满了相互连接、陡峭壁立的锥形山峰、峰组和峰林，上面覆盖着茂盛的常绿林，而且，所有的沼泽地和湿地上，都植被丛生，苍翠葱茏。从空中俯瞰，宛如浩瀚的绿色海洋，波涛汹涌。茂密的森林，遮天蔽日，几乎没有阳光能够透过厚厚的华盖照射到林地上。林地上阴暗无声，一片静寂。浓密的华盖，也遮挡着人的视线，使人不能从林地上看清林外的峰顶。联想中国和全世界所有喀斯特地区的荒凉景象，茂兰的喀斯特地貌上翠绿浓郁的森林简直令人难以置信。茂兰的喀斯特地貌，与其他荒凉的喀斯特地貌不同，浓荫翠盖、景色如画的绿色景观，洋溢着提神怡智、令人鼓舞的气氛。乍看起来，这些喀斯特森林与一般的原始森林在外形上没有区别。然而，这里的喀斯特森林，是一种十分特殊的森林类型。在其生态环境、森林特征、林相、植物区系的组成、垂直结构、森林群落演替和更新的方式，甚至在这种喀斯特森林生态环境影响下的动物区系，都与其他类型的森林有着显著的区别。

漏斗森林是由高达30米～40米的茂密高大的树木组成的。这些树木，分布在100米～200米深、直径100米～200米的漏斗形的坑底上。树木和地衣从陡峭悬崖上的裂缝里生长出来，也长在了峰顶上。

洼地森林茁壮地生长在洼地周围喀斯特锥形山峰上。这些洼地，巨大而平坦，深100米～300米，直径200米～1000米，表面土壤肥沃，可以作为农田耕种。村庄周围，稻田环绕。村庄里形状独特的木质悬角楼林立。这些小楼，都是当地农民居住的农舍。当地的农民仍然采用传统的农业耕作方式，使用与现代农具相差很远的老式农具。清澈的天然泉水和地下河水，为稻田提供充足的水源。乡村田园式的景观和极美的喀斯特景色，会使你感到似乎置身于远古的地质年代和世外桃源里，与世隔绝，一片宁静，远离外部世界的喧闹。

盆地森林茂盛地生长在1平方千米大、开阔而平坦的盆地里，四周山峰环绕，盆地里地下河密布。

山谷里也生长着茂盛的森林，使峡谷颇像一条长长的绿色彩带，也很像绿色的长廊。茂密的森林在谷底互相交织，覆盖着谷底。

这里大量巨大的岩石，嶙峋峭立，形状各异。有些岩石紧密相连，竖立两边，其间形成一条深沟；有些岩石排列成行；还有些岩石一个垒在另一个上面。所有的岩石，无论其形状如何，上面都覆盖着种类繁多的绿色植物。大多数森林都沿着悬崖上的岩石裂缝而生长，或者生长在锥形山峰顶部的裂隙里。也有的森林生长在落水洞里、洼地周围和盆地里。岩石的裂缝，通常几米到十几米深，为树木和其他植物扎根生长提供很窄的缝隙。这些树木有高度发达的根系，能够深深地扎进缝隙里去。许多高大树木的根，分布于一块或两块岩石之上，并且在岩石周围发展成密密麻麻的根网。有些树木的根，扎进这个岩洞里去，然后从另一个岩洞里伸展出来。许多小树的生活方式更为有趣。有些小树弯弯曲曲，盘绕在大树的周围，长出一些树枝。有些小树，在一些大树的树干上扎根，依靠大树生活。还有些小树，在岩洞里扎根，只将其一根树枝伸出洞外。

茂兰自然保护区的山洞十分丰富，它们是在过去水位高涨的时候由流动的水溶蚀塑造而成的。洞中装饰着壮丽的钟乳石、石笋和滴水石，千姿百态，气象万千。

这里的山峰，森林密布。树木、灌木和野花，非常丰富，遍布大地。由于空气湿润，阳光充足，在大部分季节里，都有鲜花盛开。春季是色彩纷呈的季节，杜鹃花、菊花、百合花、兰花和其他许多野花，遍地盛开。金色、黄色、粉红色和红色，一团团，一簇簇，使这个保护区更加靓丽了。在这亚热带的喀斯特森林里，蕨类植物和苔藓装饰着阴湿的林地，绿草如茵，覆盖地面。

站在这里的山峰上，可以观赏周围旖旎的景色——旭日冉冉升起，其灿烂的光辉，将整个地区涂染得一片鲜红。无数露珠挂在树叶上，好像美丽的珍珠，亮亮晶晶。

2. 保护区的水文地理

茂兰喀斯特林区，与地面旱燥的其他喀斯特地区不同。这里水源丰富，到处潮湿。无论高地低地、地上地下，到处都有水。地上和地下，河流蜿蜒而流，小河淙淙，泉水汩汩。闪闪发亮的湖泊和池塘，为大量翠绿茂盛的植物提供着滋养生命的水源。所有的喀斯特山峰都植物葱茏，绿意盎然。甚至许多树干上和岩石上，都布满了苔藓。这里的大地上布满了密密麻麻的落水洞，通向地下河网。地下河和清泉的入口及出口，分布于盆地里和洼地上。水晶般清澈的流水，沿着盆地或洼地的这一边从地下冒出来，然后又沿着盆地或洼地的另一边流入地下。这里出现，那里消失，旋绕迂回，神神秘秘。地面上的水，在河流里流动，这一段儿在这里可以看见，而另一段儿在别的地方却从眼前消失，流入地下。在这里的高地上，以小溪、清泉或池塘的形式重新出现，在地面上短暂流动，然后，在低地上又消失在落水洞里。一条地下河的河水，出现在地面上，流进峡谷，在一个山洞里消失了，流过一个洞室，然后冲过一条通道，又流进了一个落水洞。另一条地下河，通过一条地下水道，弯弯曲曲，出现在地面上，然后，又在另一个落水洞里消失了，流经另一条地下通道，然后最终出现在地面上。它们的流程，就像变戏法一样，千变万化，神秘莫测。

许多瀑布，从悬崖上喷泻而下。最大的一条瀑布的水源，突然从一条地下河里冒出来，沿着70多米高、森林密布的悬崖飞跃而下，形成一条缎带似的瀑布，悬挂在悬崖上，飘飘洒洒。

许多喷泉和间歇喷泉分布在峡谷里。峡谷里最有趣的清泉，喷出泉水，定时涨落，泉水的流动，也定期改变。间歇喷泉每天喷射1次～3次，每次喷射大约持续半小时。

这里的湖泊遍布各地。湖周围绿色的山峰，湖上蔚蓝的天空，都非常清晰地倒映在蓝色平静的湖水中。连湖中大量的游鱼，也清晰可见。

3. 保护区的生物资源

茂兰自然保护区位于中亚热带的南缘，具有复杂的地形和多种喀斯特地貌。由于气候温暖，地下

茂兰自然保护区

水丰富，雨量充足，土壤肥沃，所以，苍翠蓊郁的森林里，辽阔的沼泽地里和草地上生长着大量的植物，也哺育着健壮的野生动物。这里有2000种森林植物，包括801种维管束植物、345种药用植物、68种苔藓和163种大型真菌，另有700多种野生动物。

群峰起伏，宛如碧涛翻滚。最高的山峰，高达1000米；最低的山峰，只有430米高。山峰上，茂密的常绿阔叶树和针叶树丛生，树龄长达100多年。主要的和最多的树种，有栎树、桂树、松树、铁杉和翠柏。箬竹等几种竹子分布在山峰和小山上。在这里发现了40多种植物新种和大量珍稀濒危植物，包括一些古老的外来植物，都受到国家的重点保护。

白鹇、猕猴、毛冠鹿、鬣羚、豹猫、小麂、赤麂和华南虎等受国家重点保护的珍稀野生动物栖息在这里。一群一群的猴子在悬崖上嬉戏，是这里普遍的景象。这些猴子跑得很快，视觉灵敏，警惕性很高。它们看到或听到任何可能发生的威胁时，就迅速飞奔而去，无影无踪了。

这里有一种奇怪的鱼，当地人称之为盲鱼。它的身体，像手指一样大，白色透明。其细小的内脏，清晰可见。

茂兰自然保护区里，几乎没有道路。特别是在森林深处，林地上覆盖着茂密的灌木和蕨类植物，游人必须抬高脚，艰难费劲地在林中跋涉。保护区里没有汽车，因而没有城市的嘈杂和喧闹。

茂兰喀斯特森林，是世界同一纬度上残存下来的唯一的一片原始喀斯特森林。林海苍莽，一望无垠。它是地球上一种独特的森林群落，在世界植被中，占有非常重要的位置。因此，它在科学研究和自然保护方面，价值极大。在发现茂兰喀斯特森林以前，科学工作者只能在没有森林的喀斯特地区进行关于喀斯特的研究。然而，茂兰喀斯特林区的发现，开辟了喀斯特研究的新阶段，为世界喀斯特研究提供着新的基地和新的内容。茂兰喀斯特林区是一个极好的基因库和天然实验室，也是一块难得的研究基地，可供研究喀斯特森林中树种的个体生态、群落生态和整个的喀斯特森林生态系统。这对中国和全世界在广阔的喀斯特地区，在喀斯特森林已被破坏的地方，恢复森林植被，具有极为重大的理论和实践意义，并提供了非常重要的资料。这些资料，在世界其他地区无法得到。

二、梵净山自然保护区

1．保护区总览

梵净山自然保护区位于中国西南部贵州省东北部，以其极为美好的原始景观、种类繁多的古老物种和独特的地貌而赫赫有名。

梵净山自然保护区里，最为珍贵也最具吸引力的自然景观，是这里的亚热带常绿阔叶原始林，占保护区土地面积的80%以上。多种多样的自然条件，是数量极多的野生植物的天然生存环境，是大量野生动物的家园。野生植物包括882种木本植物，245种苔藓和180种蕨类植物。所有的山峰上，都森林茂密，绿波起伏，苍翠葱茏，一望无际。全世界共有15种植物区系地理成分，在梵净山自然保护区里就有13种。因此，梵净山自然保护区享有“绿色王国”的美称。经常变化的气候，使山峰上出现了明显的生物垂直带谱。垂直的森林类型，随着不同的海拔高度而有所不同。每一个垂直的森林类型，都是各种动植物的天然生境。这些动植物，对这些气候带都很适应。

从梵净山的山麓向上，也就是从海拔500米～1300米，常见的亚热带植物，有壳斗科、樟科、山茶科和木兰科的植物生长茂密。典型的树种有青冈栎属、樟属、润南属、楠木属和许多其他的树种，构成美丽的亚热带常绿阔叶林，巨树参天，浓荫翠盖，遮蔽着90%的山峰，使阳光和噪音不能进入林内，森林里弥漫着另一个世界，即森林世界的气氛。在阴暗的林地上，只有很稀的灌木和草本植物能够生长。人工营造的杉木林和马尾松林，也布满山上，使这个植被带更加葱郁。

从海拔1300米～1900米，森林类型开始变化。占优势的落叶阔叶树将大部分常绿树排挤了出去，形成了常绿树和落叶阔叶树的混交林带。其中主要树种有栎树、几种槭树、水青冈、枫香树、野漆树和其他许多树木。

在海拔1900米～2100米之间狭窄的垂直带里，落叶阔叶树代替了常绿树。主要树种有水青冈、槭树、毛序花楸、毛叶石楠和其他许多树木。在落叶、阔叶林稀疏的华盖下，可以生长更多的灌木。因此，杜鹃、深红越橘、竹子和草本植物都生长茂盛。

在海拔2100米～2350米的地方，由于海拔增高，气温下降，阔叶林消失，亚高山针叶林代之而生。主要树种是铁杉和冷杉，适应这里较寒冷的气候和较稀薄的土层，潮湿的林地上，甚至树干和树枝上，都覆盖着多种苔藓植物。

从亚高山针叶林带到梵净山顶峰，由于不能适应这里十分恶劣、经常变化的气候，所以，高大的树木不能生长。这里的森林世界已经消失，而展现出抗寒的亚高山草甸，上面布满了灌木，杜鹃花鲜艳夺目。

由于气候温暖，雨量充足，土壤肥沃，所以，梵净山自然保护区一年四季，鲜花盛开。有些地方的杜鹃花，高达1米～2米，花丛密集，人和动物难以通过。其茂密的枝干缠绕盘结，只有少数动物才能通过。各种野花，溢香吐艳，色彩纷呈，交织成漂亮的花毯，覆盖在林地上高耸的树木之间，构成绚丽多彩的景观，空气中洋溢着冷杉和野花的香味。成群的蜜蜂在野花周围，嗡嗡地叫着，为在花上采蜜创造出微妙的背景音乐。成群的蝴蝶，在花上愉快地飞舞，给这里增加了生气。

到了秋季，在晴朗的日子里，秋叶的颜色，灿烂斑驳。山麓和山坡上，山杨、桦树、栎树的叶子，呈现出黄色、红色和橘红色，槭树的叶子，绯红鲜艳，其中点缀着针叶树的深绿色。

2．保护区的珍稀物种

梵净山自然保护区是中国最卓越的保护区之一，植物物种数量巨大，大量古老的生物物种，在10亿多年的地质历史中幸存下来，因而闻名于世。在这里的2000种植物中，大量古老的珍稀生物群落仍然处于原始状态，保护良好，未受损坏。特别突出的是梵净山冷杉、丽江铁杉、铁杉、南方红豆杉和长苞铁杉等，都是从第三纪或白垩纪孑遗的裸子植物。银杏、鹅掌楸、珙桐和其他一些古老的被子植物，都起源于第三纪。这些树木，在200万年～7000万年以前，都经历过茂盛期，现在，在这里仍然有天然的野生树。因此，它们是更为珍贵和稀有的幸存者，也都是受国家重点保护的植物。

以珙桐林为例，它在中国以外的其他地方，都没有天然林。即使在中国，也只生长于湖北省的西部、四川省和云南省的北部及贵州省。然而，梵净山自然保护区却拥有中国面积最大、也最集中的天然珙桐林。珙桐树以其可爱的花形而得名。它是世界著名的、迷人的观赏植物，高达20米以上，高大挺拔。它在世界上享有盛名，不仅因为它的稀少和历史悠久，也因为它形状独特。在其每个头状花序下，有两枚巨大而乳白的苞片，7厘米～15厘米长，3厘米～5厘米宽，其形状很像白鸽展翅；小型的头状花序，很像鸽子的脑袋；花朵盛开时，很像一群白色的鸽子停在树上。因此，珙桐树又被称为“鸽子树”。19世纪以来，这种美丽的观赏植物已被引到全世界。现在，它还作为一种稀有的观赏植物，在全世界享有盛誉，也是中国国家保护的一类植物。

梵净山自然保护区拥有野荔枝、栗子、山核桃和猕猴桃等大量的食用植物；150多种大型真菌，包括白木耳、黑木耳和松蘑等；30多种食用真菌；还有500多种药用植物，其中假人参、天麻和杜仲皮等，都是名贵的药草。

梵净山自然保护区哺育着334种野生动物，包括68种野兽，141种鸟类，41种爬行动物和34种两栖动物。其中14种是受国家保护的珍稀动物。梵净山有些古老的野生动物，是这个保护区大量古老生物种群中的一员。大灵猫、华南虎、鬣羚、鸳鸯、红胸角雉、白冠长尾雉、红腹锦鸡等及其他许多动物，都是中国西南部古老动物种群的代表。它们都是从更新世中期，即大约300万年以前幸存下来的。大鲵生活在梵净山自然保护区的河流里，体重20千克～32千克，比中国其他保护区里的大鲵大得多。其他保护区里的大鲵，一般的体重只有几千克到十千克多一点。

黔金丝猴是梵净山自然保护区里重要的特有动物之一，也是世界上稀有珍贵的动物之一。世界其他地方没有这种动物，在这个保护区里，大约只有800只。因此，这种动物现在处于濒危状态，是国家保护的一类动物。因为它与大熊猫是同一时代的动物，所以，它有很高的科研价值。

黔金丝猴有着圆形的脑袋，灰蓝色的面孔，深灰色的皮毛，肩膀上有白斑，尾巴比较长，主要栖息在梵净山自然保护区中部海拔1300米～1900米的常绿落叶树和阔叶树混交林里。但是，它常在冬季或某些特殊情况下，在海拔600米左右的地区活动。它以鲜嫩的树叶、花苞和各种植物的野果以及竹笋为食。它栖息于树上，不受干扰时，在树上每小时能走动100米～200米。这种猴爬树的技能非常熟练，并能从这棵树上跳到另一棵树上。2米～3米的距离，它能一跃而过，或者一只爪子抓着一根树枝，在树枝下悠荡，很快地向前摆动。它们总是成群地出来活动，每群有几只、几十只甚至一两百只，由一只身体强壮的公猴带队。

黔金丝猴有严格的纪律，警惕性很高。当猴群里的猴子都正在嬉戏，或在森林里吃食时，总是派出一只猴子作为哨兵，负责四处观望，并在发现危险和异常情况时，向猴群发出警告的叫声。猴群里所有的猴子听到警告以后，都立即逃跑，不见踪影。但是，当它们确定已经脱离危险时，就按照猴群首脑的召唤，几百米以外的地方集中起来。黔金丝猴喜欢互相帮助。如果猴群里任何一只猴子陷入圈套，其他的猴子就涌上来，用各种办法营救它。如果猴群里的一只猴子受了伤，或者被杀死，那么，猴群里的其他猴子就会蜂拥而上，将受伤者或死猴的尸体抬走。

梵净山自然保护区一片静寂，森林、苔藓和蕨类植物湮没了所有的声音。宁静幽寂，与世隔绝，是这里使人感到最为舒适之处。这里几乎尚没有受到人类开发的损坏，也是游人很少的地方。梵净山自然保护区的吸引力在于游人在这里可以从容不迫地游览，并不拥挤。在这里游览，无论走向何方，其中许多地方，可能一整天都遇不到一个人。只有鸟的歌声、松鼠叽叽喳喳的叫声、汩汩的河流声、小溪的涓流声、雨点声和啄木鸟的啄树声，打破这里的静寂。

这里的气候，一天之内变化无常。早晨，所有的山峰甚至整个保护区，都笼罩在云雾之中，使人感到所有的山峰都悬在空中。旭日初升时，灿烂的金光将东方的云彩染成金色，光辉照遍山坡。太阳升起时，山峰披彩，万物生辉，山峰周围的浓雾被驱散无遗，山峰的景象突然历历在目。山谷里充满袅袅上升的云雾，山峰上常常云雾缭绕，使山坡模糊不清，而山顶却刺向蓝天。这一会儿，太阳光芒四射，晴空万里。但是，过一会儿，一片乌云浮现，突然带来一阵暴雨。雨停以后，又阳光灿烂、景色靓丽了。绿色的山峰，陡峭的悬崖，茂密的森林和深邃的峡谷，都时隐时现。彩虹出现在山峰周围，红色、粉红色、蓝色和黄色，色彩缤纷。此后不久，雾从谷底翻滚而起，形成雾海，银浪起伏，将附近的山峰又遮掩得模糊不清了。

3．保护区的地貌特征

梵净山的形成，可追溯到十亿年前，或更长的时间。当地壳骤烈隆起时，将梵净山推出地面，高达海拔2493米，使梵净山成为武陵山系中的最高峰。巍峨陡峭，雄浑壮丽。梵净山包含着中国南部最古老的地质结构。凤凰山高达海拔2572米，是梵净山中最高大、最壮丽的山峰。陡峭嵯峨，秀逸超俗。它与周围的山峰高差悬殊，相差2000米，其他的山峰，只有海拔500米高。在此后的数百万年中，风雨的侵蚀将这里的山峰，切削成现在的形状，奇峰峥嵘，令人敬畏。在漫长的地质时期中，山峰上都长起了树木。因此，梵净山自然保护区的地貌，奇形怪状，有大片高耸的悬崖和深邃的峡谷，还有狭窄陡峭的峡谷，分布于群山之中；有奔腾倾泻的瀑布、纵横交错的小河和湍湍急流的大河。

梵净山自然保护区里，悬崖林立，陡峭的山峰和巨大的岩石，巍然耸立，形态万千。

金顶峰孤峰突起，高耸入云，挺拔秀丽。其峰顶分成两块台地，每块台地能容纳数十人，上面古庙的废墟清晰可见。金顶峰其名称来源于灿烂的阳光和绚丽的彩虹，在峰顶上闪烁发光，使这座山峰十分壮丽，充满神奇的色彩。站在峰顶俯视周围，可见峰峦叠翠，绿山起伏，绿波荡漾。峡谷深邃，深不见底，悬崖悬空。河流和湖泊，碧绿清澈。漫山遍野，野花盛开，将梵净山自然保护区装饰得色彩纷呈。

送生岩是一块1米长的大岩石，屹立于金顶峰的峰顶上。这块岩石的一半，伸出一片台地的边缘，悬在深不见底的深渊之上。在灿烂的阳光下，站在这块岩石的边上向下看，使人毛骨悚然，似乎生命将要断送在深渊之中，故名送生岩。

万卷书峰是一块巨大的岩石，高达80米～90米。它由许多石片垒集而成，一片堆叠在一片之上，很像万卷书本，叠在一起。

万宝崖是一座巨大的悬崖，由各种石灰石、花岗石、辉长岩和玄武岩的石块、石板堆积而成。它看起来十分松散，好像随时都会倒塌崩溃。但是，它却屹立不动，十分稳固。

蘑菇岩是一座黄色高大的岩石，拔地而起。岩顶巨大，岩身细高，岩顶比岩座大得多，形似一只巨大的蘑菇伸向天空。头重脚轻，摇摇欲坠，似乎随时都会倒下来，使旁观者“惊而远之”。但是，在漫长的年代里，它孤岩耸立，巍然不动。

地狱门是地壳的裂口，形成一条狭窄阴暗的峡谷，好像通向地狱之门。两旁山峰陡峭，高耸入云。站在峡谷之中，抬头仰望，只能看到一丝的光明，叫作一线天。

风岩是一块巨大的岩石，微风吹过，就颤动不止，故名风岩。

此外，王子岩、鹰嘴岩、狮子岩、九龙壁、石柱岩和许多其他的岩石，都奇形怪状，令人惊异。金剑谷、尖剑山、黑胡同、天神桥和许多其他的天然岩石，都令人心惊胆战，毛骨悚然。这些岩石，怪模怪样，雕凿精良，都是大自然的鬼斧神工。它们都从第四纪开始，在漫长的冰川和地质运动中逐渐形成。

许多瀑布悬挂在山顶上。青龙洞瀑布，从一座山边上奔流而下，响声如雷，形成一条80米长的大瀑布。滴水岩瀑布，一股壮丽的大水，从一座悬崖上喷洒而下，散落成一条60米长的水雾，闪闪发光，很像一条薄纱悬挂在空中。

九龙潭有九个池塘，都清平如镜，镶嵌在海拔2000多米的山顶上，池水清澈见底。

数十条大大小小的河流，发源于梵净山自然保护区的中部，蜿蜒而流，波光粼粼，保持原始状态，流向四面八方。从森林中、山峰间和陡峭的峡谷中流过，提供着滋养生命的水源，并给这里美好的山景增加了另一道绚丽的光彩。梵净山自然保护区空气特别清新，水也特别纯净，空气和水都未受污染。

梵净山自然保护区是中国也是世界上最珍贵的基因库之一，保存着种类丰富的珍稀生物物种和大量的古老遗传资源。其中有大量的濒危物种，在世界其他地区都处于灭绝的边缘，或者已经绝种。因此，这个保护区为科学研究提供了极好的研究基地，也为生物学、生态学、地质学、地形学、地貌学和水文学的教学，提供了一所极好的天然露天课堂。

来自中国和外国的许多科学工作者在这里开展了多方面的科学考察，收集了大量的科学数据。关于自然资源的保护和开发、环境保护和梵净山自然保护区的规划及建设等研究项目，都正在这里进行。

在梵净山自然保护区里，居住着将近1万居民。但是，这里的原始自然资源，都仍然完整无损。在这里曾经开展了一个十分有趣的研究项目，就是关于人类与自然和谐相处的项目，以建立人与自然资源和谐相处，自然资源的保护、开发和合理利用的样板。

梵净山在科学上的重要性，早在梵净山自然保护区正式建立以前的很长时间里，就已引起国内和国际的注意。1987年，梵净山自然保护区已被列入了国际人与生物圈保护区之一。

第十一章

云南省的自然保护区

一、白马雪山自然保护区

1．保护区简介

白马雪山自然保护区位于云南省北部德钦县境内，横断山脉中段，云岭北段。因其主峰形似马头，终年白雪覆盖，好像一匹白马屹立山头，故名白马雪山。白马雪山自然保护区面积为2700平方千米，其中森林面积占50%以上。1983年建立保护区，以保护珍稀动物滇金丝猴及其栖息地、保护生物多样性和金沙江中上游的水土为目的。

保护区内高山巍峨，群峰刺天，峡谷深邃，地势起伏，雄伟壮丽。这里的山峰均在海拔4000米以上，其中海拔5000米以上的山峰有20座。扎拉雀尼为最高峰，高达海拔5640米，顶天立地，高耸奇伟。高峰上气候寒冷，终年积雪不化。白雪皑皑的高山，与海拔低处的青山绿林形成鲜明的对比，构成绮丽独特的景观。金沙江和澜沧江，蜿蜒曲折，波涛汹涌，从这里流过。两岸峭壁万仞，陡峭嵯峨。这里冬季半年为干旱季节，风大雨少，日照充足，夏季半年为降雨集中季节；干湿季节十分明显。气候随海拔高度而变化，河谷温暖干燥，山地气候严寒。年平均气温为4.7℃，最热的7月平均气温只有11.7℃，最冷的1月平均气温为−3℃。

白马雪山自然保护区里植被丰富，植物茂盛，到处郁郁葱葱，绿意盎然。海拔2300米～2800米以下为干热河谷灌丛带。这个带里的植物，为了适应这里干旱的自然条件，都矮小多刺。所以，只有白刺花等耐干旱的灌丛密布其间。海拔2800米～3200米的山上，覆盖着由云南松、高山松等组成的针叶树纯林或针阔叶混交林带，茂盛葱茏。这里的高山松一般树龄在120年以上，树干通直，苍翠蓊郁，有些古老的大树，直径达到1.8米以上。海拔3200米～4000米的山地上，是以长苞冷杉和苍山冷杉等为主要树种的亚高山针叶林带，基本上保持着原始状态，是白马雪山自然保护区里的精华所在和主要的森林资源，也是滇金丝猴美好的家园。尖塔形的针叶树，苍劲挺拔，好像群峰耸立，常年深绿。海拔4000米～4500米的高山上，为高山灌丛草甸带，栎树、品种繁多的杜鹃花丛和草甸混合生长。各种颜色的杜鹃花，竞相开放，争奇斗艳。林下生长着多种药材和观赏植物。海拔4500米以上的高山上，由于气候极端严寒，强风大作，霜冻和雪雹经常出现，生长期甚短，环境极端恶劣，只有稀疏的植被能适应这里恶劣的环境，然而，在夏季的6月～7月，这里却在绿色的植物中，点缀着粉红色和白色的野花，格外靓丽。海拔5000米以上为山顶冰雪带，常年冰雪覆盖，没有绿色，没有生命。

远望白马雪山

复杂的地形、明显差异的气候和明显垂直变化的植物带，为种类繁多的动物提供了多种多样的栖息地。因此，白马雪山自然保护区里，动物种类丰富，有兽类至少47种，鸟类至少45种，还有其他的小动物。动物除了最珍稀的滇金丝猴以外，主要有雪豹、绿尾红雉和金雕等，均属国家一级重点保护动物；猕猴、短尾猴、小熊猫、黑熊、棕熊、大灵猫、小灵猫及水鹿等，均属国家二级重点保护动物。鸟类主要有苍鹰、红隼、血雉、藏马鸡和白鹇等。

这里雪山高耸，冰川遍布，峡谷深切，森林密布，草甸辽阔，牧场如茵，湖泊明澄，野花众多，江河并流，红土高原点缀其间，蕴藏着丰富的金矿，居住着淳朴的藏民，又远离城市的喧嚷，远离世俗尘嚣，未受人类开发造成的污染，拥有美丽的净土，真可谓山川秀丽，景色旖旎，空气清新，水质纯净，宁静幽深的人间仙境，也就是一些外国人曾经梦想、描述并到处寻找的“香格里拉”，即“世外桃源”。

这里没有人工的雕塑和装饰，展现的都是大自然的本来面目。这里没有高楼大厦，只有传统的藏族房舍、村落和古老的喇嘛寺庙，是旅游者回归大自然、返璞归真的好地方。在这里，可以领略大自然给人类无私的恩赐，尽情享受地球上最美好的、无与伦比的自然美。在这里，还可以看到人类与大自然的和谐，到处可以看到藏族人民真诚的笑容和友善的表情。

在白马雪山自然保护区里及其周围地区，许多美丽的名胜和珍贵的古迹，吸引着越来越多的游人。最著名的有：

卡格博峰：“卡格博”为藏语，意为“白色雪山”，海拔6740米，为云南省第一高峰。山上供奉的山神，自古以来受到藏民崇拜。

每年秋末冬初，邻近各省的香客，来此朝圣，络绎不绝。卡格博峰是当今世界上未被登山者征服的雪山之一。

纳帕海：即纳帕海自然保护区。海拔3266米，面积为31.25平方千米，湖水面积660平方千米。三面环山，大部分地区为沼泽和草甸。茫茫草原，绿草如茵，牛羊成群，是国家一级保护动物黑颈鹤的乐园，也是其他许多沼泽鸟和湿地鸟的栖息地。

虎跳峡：峡长20千米，峡口高达海拔1800米，海拔高差3900多米。江水碧蓝，弯弯曲曲，平缓而

花期短暂但生命旺盛的杜鹃花

流。两岸奇峰耸立，绝壁巍峙。

属都湖：湖水清澈透亮，平静如镜，蓝天白云，倒映其中。四周青山环绕，森林茂密，原始森林郁郁葱葱，遮天蔽日。湖旁牧场辽阔，牧草丰茂，牛羊密布，一片宁静。

松赞林寺：它是云南省最大的佛教圣地，建于1681年，为五层藏式建筑，形如城堡。寺内有僧人700多人，其大殿可容纳1600名拜佛念经者。寺内雕饰精美，壁画满壁，文物珍品众多，价值连城。

东竹林寺：建于1667年。居于寺中央的大经堂，为四层建筑，装潢富丽，彩绘纷呈。寺内佛像众多，佛塔林立，最高的佛像高达105米，现有僧侣300多人。

此外，溶洞、石刻、温泉、瀑布等景观也很迷人。

在风景优美的地方，有设备良好的饭店和旅馆为游人服务。在这里，你可以品尝当地的许多食品，例如酥油茶、糌粑、青稞酒、新鲜蘑菇和野菜等，品种繁多，别有滋味，还可以感受当地的风土人情。

2．珍贵的滇金丝猴

中国的疣猴亚科，共有三种金丝猴，即普通金丝猴、黔金丝猴和滇金丝猴。其中，滇金丝猴是中国特有的稀世之宝，主要分布在云南、四川和西藏交界的大雪山地区。

滇金丝猴为黑色，所以也被称为“黑金丝猴”。因为这种猴经常生活在白雪皑皑的高山上，又因为其幼猴全身白色，以后才逐渐成黑色，所以当地人也给叫它“雪猴”或“白猴”。它有着长长的尾巴，与其身躯十分相称。它的鼻子上翘朝天，模样滑稽可笑，讨人喜爱。它外貌上最特殊的一点，是它长着与人类相似的厚厚的红嘴唇。它的这一特征，在灵长类动物中是独一无二的。研究表明，滇金丝猴是猴类动物中进化程度最高的一种，处于由猴向猿进化的过程中。它的这一外貌特征，可能也是这种最高进化的标志之一。

滇金丝猴的身体比普通金丝猴和黔金丝猴小而轻。据已获的标本称重，一般体重只有15千克左右。1962年，曾发现一只公滇金丝猴，其体重达到35千克。滇金丝猴是群栖动物，通常每群有数十只到上百只。根据最近的一项调查，现在滇金丝猴的自然种群仅存13个，共1000只～1500只。在白马雪山自然保护区里，至少有5群，总共有350只左右。每群占据一地，互不侵犯。

据史料记载，古代滇金丝猴分布区域甚广。以后由于人类活动的干扰和破坏，使其栖息地大大缩小，迫使它们逐渐退缩到云南与西藏交界处很小的地区——金沙江与澜沧江夹峙的云岭山脉中，分别属于西藏的芒康，云南省的德钦、维西、兰坪和丽江等5县市境内支离破碎的高山寒冷的冷杉林带之中。这些滇金丝猴的自然种群，几乎都处于彼此隔离的状态，每个种群的栖息地都像孤岛一样，各群体之间无法往来，无法进行基因交流。

白马雪山自然保护区是滇金丝猴的核心分布区。滇金丝猴是猴类中栖居海拔最高的一种猴。它栖息于这里海拔3200米～4000米的亚高山针叶林中。这里虽然冬季山上积雪很厚，但是滇金丝猴身上长而浓密的体毛，足以御寒抗冻。滇金丝猴过着树栖生活，食性单纯，以寄生在冷杉树上的黑灰色松萝为主食，其次采食针叶树的嫩芽和芽苞。每年5月～7月，偶尔下地吃新鲜竹笋和嫩竹叶。秋季也采食各种野果和浆果，有时也吃昆虫和鸟蛋。当它们抢食枝叶时，常常起哄喧闹，发出呜哇呜哇的叫嚷声。当它们发现果实累累的一株树时，就发出类似寒鸦般嘎嘎的欢叫声。幼猴寻找母猴时发出尖细的喔喔叫声。如果你11月进入深山密林，可看到母猴抱着猴仔十分亲昵的情景。豹、金猫、狼、豺和猞猁等野兽，都是滇金丝猴的天敌，常偷袭成年猴；雕、鹫等猛禽常掠食幼猴。但是由于滇金丝猴组织严密，非常机警，遇到危险时，猴王会发出惊叫，猴群的所有成员，则以惊人的速度，在树冠中飞奔疾驰，逃之夭夭，转瞬之间，都逃得无影无踪，使来犯的动物常常扑空。但是滇金丝猴的最大威胁却是来自人类。由于滇金丝猴成群活动，体形很大，栖于树上，易被发现，易被枪杀。

滇金丝猴作为稀世珍宝，不仅在保护珍稀动物方面具有社会号召力，而且在维持自然生态平衡中也起着一定的作用。它的主食松萝，抑制冷杉树的生长。如果松萝生长过多，可将冷杉窒息致死。但是如果松萝太少，又会造成滇金丝猴食物不足。在长期的生存竞争和生物进化过程中，滇金丝猴似乎知道了如何控制松萝的生长量。因此，它们在大范围内的冷杉树上游荡觅食，以保证既有足够的松萝吃，又可控制松萝过分蔓延，影响冷杉树的正常生长，从而减少了松萝对冷杉林的危害。冷杉为滇金丝猴提供食物和隐蔽处，滇金丝猴为冷杉清除“吸血虫”。冷杉—松萝—滇金丝猴，三者相互依存，又互相制约，维持着自然生态的平衡。目前幸存的数量少得可怜的滇金丝猴，到处遭到追捕和猎杀，其生命岌岌可危，朝不保夕；同时，它们赖以生息繁衍的森林，也因商业目的和经济利益而遭到大量的砍伐，使它们在其栖息地里无法安身，被迫东逃西窜，到处避难。少数生活在自然保护区里的滇金丝猴，也难逃这样的厄运。因此，滇金丝猴已处于濒临灭绝的边缘。其数量和处境，与大熊猫十分相似，所以，有的外国动物学家认为，滇金丝猴是仅次于大熊猫的世界第二大珍兽。现在它已被列入世界濒危保护动物红皮书，在中国属于国家一级重点保护动物，被称为“第二国宝”。

3．人类对保护区的研究

人们对滇金丝猴的研究，开始较晚，至今不过百年的历史。1879年法国动物学家米尔思·爱德华首次对这一物种给予科学的描述并定名。此后60多年，关于滇金丝猴的研究没有进展，也没有报道。直到1962年，中国科学工作者在云南省迪庆州德钦县收集到8张滇金丝猴的毛皮，证实了这一珍贵动物依然存在。中国科学院昆明动物研究所的科学工作者，从1979年开始，对滇金丝猴的分布、数量、生态学和生物学特性、社会结构、濒危的原因等，进行了科学考察和科学研究，发表了许多论文，有些课题的研究已取得了重大进展，对滇金丝猴的人工饲养和人工繁殖已经成功。现在这个自然保护区已成为滇金丝猴的研究基地，对滇金丝猴的保护、繁殖和研究，必将发挥更大的作用。

为了对滇金丝猴及其栖息地的现状作一全面了解，并向人们发出警报，唤醒大家保护生态和环境的意识，1996年，由环保作家唐锡阳先生和美国文教专家马霞女士共同发起，在中国的一个民间组织“自然之友”和各级政府的大力支持下，由30多名热爱大自然的志愿者和自然保护工作者组成了“大学生绿色营”，千里跋涉，不畏艰险，奔赴云南西北部横断山脉的森林深处，包括白马雪山自然保护区，进行了考察。他们与当地的政府官员、工作人员及人民进行了十分广泛的接触，了解了情况，发现了问题，交换了看法和意见。考察结束后，发表了文章，出版了书籍，向政府提出了建议，在社会上引起了很大的反响，对保护滇金丝猴及其栖息地，保护环境和大自然，起到了很好的作用。

白马雪山自然保护区里，还存在一些问题，有待解决。当地政府正采取积极措施，包括准备将保护区内的居民迁出保护区，并且禁止在保护区里采伐森林。

二、西双版纳自然保护区

1. 保护区简介

西双版纳自然保护区位于云南省南部。西双版纳自然保护区的总面积为2417.76平方千米，其中有5个次保护区，或者叫作从属于这个保护区的小保护区，分布于景洪、勐腊、勐海、勐养和勐仑。西双版纳自然保护区位于一片低山丘陵的中心，四面高地环绕，具有热带和亚热带气候，旱季和雨季界限分明。较低的山脉、陡峭的小山、缓缓的山坡、辽阔的平原和盆地、狭窄的山谷和浅浅的湖泊，构成了这个保护区复杂的地形。这里土壤肥沃，水量充足。澜沧江及其支流和常年碧水满盈的湖泊，为这个保护区提供着滋养生命的水源。这个保护区是中国最卓著的地区之一，包含着大片的沼泽地、辽阔的水域和茂密的森林等多种多样的动植物栖息地。年降雨量为1193.7毫米～2491.5毫米，平均相对湿度达80%以上。这些极其优越的自然条件，哺育着极为丰富的动植物。其中有些动植物非常珍贵，非常稀少。

西双版纳自然保护区是联合国国际人与生物圈保护区和世界遗产基地之一，也是种类繁多的古代野生动物和植物的发源地。因此，它享有“动植物的摇篮”的光荣称号。由于这个保护区的动植物区系比中国其他地方种类更多，也由于它具有非常卓著、种类繁多的热带动植物，所以，西双版纳也被称为“动植物的王国”或“热带生物的宝库”。

“西双版纳”是云南省少数民族之一的傣族语，意指这里很久以前，曾经建制的12个管理区。位于这个保护区中部的城市，叫“允景洪”，也是傣族语，意思是“黎明之城”。

2. 珍稀植物博物馆

西双版纳多种类型的地貌，为种类极其丰富的野生动植物提供了家园和生境。西双版纳自然保护区以其无与伦比、种类极多的热带和亚热带天然植物而著名。成片成片的原始林和草甸相间分布。多种多样的生境之间，点缀着清澈的溪流和咆哮的江河，哺育着种类丰富的植物群落，包括维管束植物

1300个属，3890多种维管束植物。这里生长着4000多种高等植物，包括200多种食用植物，其中39种植物富含淀粉。酒假桄榔是一种棕榈树，其树干出产淀粉。过去，猎人们有时伐倒一棵树，取食树干里的淀粉。因此，人们称这种树为“猎人树”。但是，从不熟悉的植物里取食必须小心。树干粗大的马来西亚箭毒木，含有剧毒汁液。原始时代，当地人曾将这种毒汁涂在箭头上，毒杀对方。

西双版纳自然保护区里，野生的药用植物种类繁多，共有782种。药用植物随处可见。所以有人说：无论你坐在任何地方，你都会坐在三种珍贵的药草上。有些药用植物，例如美登木，对心脏病和癌症有疗效。从龙血树里，可以提炼出高效止血剂。许多野生的热带植物，可以防治某些无名的疑难疾病。这里生长的云南萝芙木，是制造防治高血压药的良好原料。七叶一枝花，是制造云南白药的原料。云南白药是医治各种破伤的有效药，销售于国际市场。能医治麻风病的大风子，在这里的热带森林里四处生长。

这里的地面上，覆盖着8种植被，包括热带雨林、热带季雨林、亚热带常绿阔叶林、落叶阔叶林、暖针叶林、竹林、灌木和草类。这里33.8%的土地上森林茂密，郁郁葱葱，林海茫茫，遮天盖地，使这里成为中国具有大量热带原始林或老龄林的地区之一，也构成一个植物繁茂、欣欣向荣的生物世界。而且，这些原始森林保护较好，代表着中国西南部现有热带老龄林的大部分。所有的山上，森林密布，峰峦青翠，绿波起伏。各种植被中，热带雨林最为珍贵，是东南亚热带雨林的一部分。热带雨林和热带季雨林分布在海拔600米～1000米之间；而热带季风常绿阔叶林，布满了海拔1000米～1600米的山上。由于一部分上层树，有一个短暂而集中的换叶期，所以，这种森林被称做季雨林。但是，无论树叶怎样更换，这里的土地一年四季绿意盎然，热带雨林特征显著。80%以上的石灰岩上生长着季雨林，绿树葱茏。

这里还生长着816种树木，可生产木材。其中100多种树可生产珍贵的木材。香蕉树、荔枝树、芒果树、椰子树、柠檬树、桂花树等62种植物和其他许多植物，都为生产化妆品提供良好的香料。共有136种之多的植物可生产食用油或工业用油，油渣果、山橘、石栗和风吹楠等，都是这里常见的油料植物。此外，木质藤本油渣果的果实，含有71.9%～77%的食用油。肉豆蔻含有碳酸脂肪酸，在严寒气候下，可做润滑油的添加剂。

大量的植物具有经济价值，其中60种植物可做单宁原料，剑麻和蕉麻等90种纤维植物具有丰富的纤维。

这里野果和野花十分丰富，共有134种之多。丰富的植物，生产着种类繁多的热带野果。最主要的一种野果，叫作“神秘果”。这种果子，初吃味酸，然后味甜。由酸味变为甜味的感觉，可持续半小时。这种野果变味的秘密，在于它是山榄科一种特别的野果，含有一种糖蛋白，能将人的味觉从酸味变为甜味。

从这里生长的32种树中，可提炼出树脂和树脂胶。有50多种竹子和藤本植物，在这里生长茂盛。许多棕榈树，不仅能够遮阳，而且能制作许多有用的东西。受国家重点保护的一类和二类植物，将近一半在这里茁壮成长。

这里最高大的树木是望天树，估计高度接近80米。因为它生长在茂密的森林里，很难测量出它的准确高度。千果榄仁是这里有代表性的树木，也是季雨林里另一种高大的树，其胸径达4米，高耸挺拔，使人印象深刻。番龙眼、箭素毒木、高山榕、刺桐和许多其他高大的树木，都在这里大量生长。这些树木，高耸入云，平均高度为30米～35米，直径超过50厘米。许多参天巨树，高达45米，四季常青，巍然屹立，堪称“摩天树”。由它们构成的森林，好像许多高大的圆柱，支持着绿色的大殿。这些巨树的浓荫翠盖，使阳光很难射进林内。林外阳光灿烂，而林地上却一片阴暗。林下的苔藓和蕨类植物，都为浓荫所遮盖。巨大的桃花心木与柳树，沿路生长。松树和栎树上，覆盖着茂密的苔藓。松树、刺柏和木兰等常绿树，使路旁绿色更浓。每到5月和6月，芳香的白木兰开得最盛。在低洼的盆地上，湖旁和河边的柏树，枝干上覆盖着苔藓，弥漫着神秘的气氛。在潮湿的气候下，许多气生植物生长茂盛，挂在树上，吊在空中，形成美丽独特的空中花园。西双版纳自然保护区也因有这一别致的景观而著名。在这些气生植物中，各种兰花生于树上，最为美丽。在这些绿树的阴凉下漫步，观赏美景，十分惬意。

这里有30多种植物，是古热带植物的孑遗种，从第三纪幸存下来。近些年来，在这里发现了153个植物新种，都是这里的特有种。有134种植物，都是稀有、濒危的植物，因而受到特别的关注。这些植物都有很高的科学和经济价值，在这里受到良好的保护。还有28种野生谷物和野果，对研究小粒野大米、油茶和荔枝等当代农作物的起源及其改良品种颇有价值。

这里的野花和灌木，种类繁多。由于这里土壤肥沃，雨量充沛，常年温暖湿润，因而一年四季野花盛开，十分鲜艳。华丽的兰花，把西双版纳自然保护区装饰得五彩缤纷，好像是一个美丽的花木展。在5月里，漫山遍野，鲜花怒放。整个保护区都重葩叠锦，花香四溢；林地上也野花繁茂，簇拥在林木之间，色彩斑斓。这里的100多种野花，是这个保护区最吸引人的景观之一。沼泽地上，池旁湖畔，都繁花似锦。沼泽地之间的空地上，也群花吐艳。小径旁和大路边，各种喜阳的野花最为显眼。粉红杓兰等野花，好像在偷偷摸摸地开放，隐藏在阴暗的森林深处。

林地上灌木丛十分茂密，没有空地和小径。游人要通过这些林地，必须抬脚举步，抓住树枝或藤条，才能步履艰难地向前跋涉。只有寥寥无几的其他植物，能够挤进这个极为茂密的植物世界。在高大的老龄树下，能够茂盛生长的灌木，似乎只有各种杜鹃花。杜鹃花高达数米，有些地方，花丛密集，花枝盘结，只有很少的动物能从中通过。每到初夏，杜鹃花就花繁叶茂，艳丽妩媚。山脚下和林地上，被一簇簇、一团团的杜鹃花装饰得格外靓丽。一束一团，繁花集锦。一群一群的蝴蝶，翩翩飞舞，忙于采花。大量的蜜蜂，围着杜鹃花，在花上采蜜，发出嗡嗡的叫声，创造出微妙的背景音乐。空气中充满了野花的香味。鸟儿的歌唱声，与潺潺的河水声配在一起，相互交响。河水从山上洋洋洒洒奔泻而下，然后从森林中和平原上蜿蜒流过。云雾在树枝间飘荡，变幻无常。这个漫山遍野、森林密布的绿色世界，此起彼伏，好像浩瀚的绿色海洋，波涛汹涌，包围着一道道河谷及肥沃的盆地。清澈的澜沧江，弯弯曲曲，从稻田间和香蕉、芒果、荔枝、番木瓜等许多果树间流过。傣族人别致的竹楼，掩映在高大通直的槟榔林和香蕉树之间，构成一幅景色如画的乡村景象。

3．热带雨林奇观

这里的热带雨林，展现出一些有趣的奇观，在温带森林里永远也看不到。

老茎结果：这是热带雨林里，许多树木开花和结果的独特方式。榕树、木奶果、波罗蜜、番荔枝和其他一些树木，不像普通树木在其树枝上结果，而是在其树干上结出一串又一串彩色的果实。同时，一串又一串棕红色、粉红色和其他颜色的花朵，色彩缤纷，挂在树上。植物学家将这些树木叫作“树干开花植物”。这些树木不仅果实很有滋味，而且叶子和树皮也可以食用，可做蔬菜。现在，关于这一奇异的生理机制还没有统一的结论，但是，大多数植物学家认为，这是植物演化中的一种古老特征。

独木成林：这里有些树种，例如高山榕，树梢下垂，或者树梢很长，逐渐变细，长出叶子，作为它的灌溉系统，适应热带雨林湿润的环境。高山榕具有巨大的树冠和粗壮的树干以及稠密的板根，还有从树枝上长出的许多气生根悬在空中。这些气生根向下生长，垂落到它下面的土壤里，生长出许多支柱，形如树干，支撑于主干的周围，制造出一片小森林的假相。这些独木林，面积很大，有的占地3000平方米。一个人要围着这片森林走一圈，需要花十多分钟的时间。由于高山榕树形状优美，四季常青，所以，当地的傣族人称其为“大青树”，在他们房舍周围栽植这种树，靠它遮太阳，乘荫纳凉。

自古以来，傣族人一直认为，这种树是幸运吉祥的象征。

板根：是这个保护区里非常有趣、十分古怪的生物特征之一。这里大量高大的树木，尽管其树冠的大小、树干的直径和高度各不相同，但是，它们有一个共同的特征，就是树木的基部都长着板根，这是热带雨林异乎寻常的树根结构。板根是肥大的侧根，从这些高大树木的根部拔地而起，很像一块一块的木板，屹立在每棵高大树木的基部，高达数米；也像木屏风，在每棵高大树木基部的周围，分隔出几个小小的空间；还像扁平的木柱，支撑着每棵大树。

绞杀植物：包括榕属、桑科和五加科的一些树种。这些植物，也许是热带雨林里最无情的植物。它们作为其他树上的附生植物，开始它们的生活。但是，当它们长成大树时，就将其寄主树置于死地。这种植物，与附生植物有许多相似之处。但是，它与附生植物还有一个主要区别，在于它不靠寄主树而独立生活。榕树就是古怪的绞杀者。它作为气生植物，开始它的生命，在其寄主树下面的土壤中扎根，建立起它自己的养料来源。然而，这种绞杀植物，一旦牢固地依附于它的寄主树时，它就长出气生根的网络，悬挂于寄主树的树枝上。那些气根逐渐地接触地面，然后，深入土壤，伸展蔓延，在寄主树周围形成紧密的网络。当它爬到其寄主树的树冠时，就切断寄主树的食物和水分来源。当这种绞杀植物已经得到充足的养料和阳光时，就变成了一株独立的树木，茁壮成长。然后，逐渐勒紧寄主树，直到将它勒死。

附生植物：西双版纳的热带森林，生长着许多古怪的藤本植物和攀缘植物。这些植物与普通的植物大不相同，它们不是靠自己的根和枝干直接从土壤中吸取养料，相反地，它们依附于其他树木，靠其他树木生活。这些植物从其他树木的树干、树枝甚至树叶上，萌发出微小的幼苗，爬上其他高大树木的树冠，在那里，开始并且结束它们的生命，创造出奇怪的景象，即大树上长出小树，树叶上长出小草。这些植物的大多数，如草本植物、灌木、在大树中的小植物等，都是各种形式的附生植物，或者寄生植物。其中有些植物经过竞争，最后也长成大树，而有些植物则仍然是地衣和苔藓。

各种植物，生长于热带林的不同位置上。许多巨大的木质藤条，互相交织，或伸展到树木之中。有些藤本植物，从树干上或树枝上悬吊下垂，有些藤本植物高攀到树冠上。这些藤本植物，像粗绳一样，直径达到20厘米～30厘米，其藤条在热带林里到处盘绕。

在这里的热带雨林里，小型的附生植物也很丰富，最突出的是石斛和鸟舌兰等蕨类植物和兰科植物。它们在高大树木的细枝和大枝上生长茂盛；而且，枝叶和花朵都悬在空中，形成别致的空中花园。大量的兰花装饰在森林之中，其中许多兰花是附生植物或气生植物。它们紧紧地附生在茂盛的热带林中树木的枝干上，靠空气制造的养料而生活。

寄生植物与附生植物相似，也生长在其他树木上。但是，寄生植物一旦牢固地依附于其他树干上，长出幼苗，并深深扎根以后，就无情地从它所寄生的寄主树上吸取养料，直到寄主树由于缺乏养料而死亡，然后，寄生植物也因为失去哺育者而死亡。

岩石上的森林：西双版纳自然保护区有一种特殊的石灰岩山，是在二叠纪里，由石灰岩基质发育而成。雨水淋溶与河水侵蚀，在这里创造出大量的喀斯特地貌，奇形怪状，形态万千，包括溶洞和石林。由于在稀薄的土壤上水分及养料供应不足，要想在这种光秃秃的石灰岩山上营造人工林，没有可能。但是，这里却出现了一个奇迹：在这种石灰岩山上，长起了茂盛的热带林。为什么这些热带林能在石灰岩上成活，而且生长茂盛呢？这是因为，在自然选择的漫长过程中，这些石灰岩山上的森林，对这些恶劣的自然条件适应性极强。这些树木由高度发达的根系支撑着，其地下根在岩石缝隙的土壤里扎得很深，吸收水分和养料。其地上根在岩石表面到处蔓延，牢固地依附于岩石的表层，形成一个网络，紧紧地盘绕在岩石上；有些植物也扎进充满土壤的岩石缝里，长出牢固的根系，充分利用土壤里非常有限的水分和养料。为了保证自身的发育成长，这种树木就采取了一种特殊的办法，保存珍贵的水分和养料，于是长出了很像皮革、表面光滑的叶子。在某些情况下，叶子表面还有一层光滑的蜡质，以避免在阳光下水分蒸发过多。

在这些石灰岩山上的森林里，龙血树最为普遍。但是，它也有其独特性。龙血树可作为观赏植物。虽然树干直径可达1米粗，但是，一般树高只有10多米。树叶好像长长的缎带。龙血树保护自己的方法很特殊。当其树皮受到损害时，它就分泌出紫红色的树脂，将伤口涂盖起来。人们认为，这种紫红色的液体很像龙血。用这种液体涂盖过的树皮，就成了一种珍贵的中药。由于龙血树的医药价值，因此，受到国家重点保护。

在西双版纳的热带雨林和季雨林里，棕榈树亭亭玉立，是热带植物的象征，显示出独特的热带风光。最突出的棕榈树是鱼尾葵，生长在石灰岩山上的热带季雨林中，是一种具有代表性的棕榈树。棕榈树挺拔的树干，高达20米，树梢上长着许多扇形的大叶片，十分别致，好像鱼的尾巴。所以，人们就把这种树叫作“鱼尾棕榈”。它的树干含有丰富的淀粉；根是药材，可制造补药，边材可制造许多产品，包括拐棍、筷子和手工艺品。这种棕榈树，也是漂亮的观赏树，适合在花园里栽植。因此，它享有“财源”的光荣称号。

世界上最重和最轻的木材：在西双版纳自然保护区里，有两种树生产的木材很特殊。过去，铁力木被认为是世界上最重的木材。因为它的木材坚硬如铁，放入水中，就沉入水底。最近，在西双版纳自然保护区里又发现了黑色黄檀，其木材比铁力木更坚硬。因此，它是世界上最重的木材。轻木是这个保护区里典型的速生树种。这种树木，一立方米的木材只有100千克重，其重量仅相当于一立方米许多普通木材重量的1/10。因此，它是世界上最轻的木材。

世界上最粗的竹子：在这里丰富的竹种中，龙竹以其最粗大的竹竿而胜过其他所有的竹种。龙竹竹竿最粗的直径，达到33厘米，与一棵大树一样粗。因而，它是名副其实世界上最粗的竹子。

4．野生动物的家园

茂密的热带森林和丰富的热带植物，为这里丰富的野生动物提供着极好的栖息地，包括102种哺乳动物、38种两栖动物和63种爬行动物。

西双版纳自然保护区里分布着草地、灌木和森林，适合各种鸟类栖息。这里的鸟共有427种，都是这些森林里主要的常栖动物，大多数都是东南亚的热带种。其特征是，羽毛光亮美丽，身材巨大。原鸡是当今家鸡的祖先，以其光亮的羽毛而吸引人。野公鸡常常来到当地的鸡舍里，与家养的母鸡交配。它们孵出的小鸡，羽毛也很漂亮。但是，这些小鸡长成大鸡时，就会离开母亲而远走高飞了。野雁、野鸭、老鹰和猫头鹰，以及更为常见的鸣禽和麻雀等，在头上盘旋，给保护区增加了生气。蝙蝠于黄昏时在空中轻快地飞行，往来如梭。

犀鸟是这里最珍贵的鸟。它身材较大，身长1米左右。这种鸟在高大树上的树洞里筑巢，每年3月或4月孵出小鸟。雌鸟用自己的粪便将自己封闭于一个树洞里，与外界隔绝。雄鸟用泥土和青草将这个树洞的大部分入口封闭起来，只留下一个很小的小孔。通过这个小孔，雄鸟给雌鸟送进野果、青蛙、田鼠和其他食物。当它们的小鸟可以跟随它们一起飞翔时，它们就打开这个树洞，一起飞走了。这种特殊的繁殖方法，可能是保护自己，防止天敌入侵的一种方法，也可能是在动物斗争中求得生存的一种方法。犀鸟是富于感情的动物，当其配偶死亡后，活着的那只犀鸟就会飞翔不止，叫声悲哀，不吃不喝，直到它因饥饿和疲劳而死亡。

灰头绿鸠、画眉、彩头鹦鹉、银耳相思和其他许多鸟，都是热带森林里常见的鸟类。

绿孔雀和蓝翅八色鸫，都是稀有的鸟，安乐地栖息于西双版纳自然保护区的热带林里。野象、野牛、水鹿、孟加拉虎、小灵猫、懒猴、猕猴和熊猴等大量的国宝和受国家保护的稀有动物，在这些热带林里到处游荡。白颊长臂猿是高度进化的灵长目动物，也是受国家保护的一类稀有动物，栖息于西双版纳自然保护区海拔较高的茂密的热带森林里。它以树叶和野果为食，从不下到树下来，也不到河里喝水。在雨季里，它舔饮树枝和树叶上的雨水；在干旱季节里，它舔饮树叶上的露水。长臂猿修筑三个窝洞，轮换居住。当听到入侵者的声音时，就躲藏在其中一个窝里。它们实行一夫一妻制。经常可以看到这样的一个长臂猿家庭，由1只成年的雄猿和1只雌猿及其1个～2个长臂猿幼仔组成。长臂猿是聪明而且富于感情的动物。它对自己的配偶十分多情。当其配偶被杀或受伤时，另一方就情绪沮丧，长期沉默，非常悲痛。

中国的大多数野牛集中在西双版纳自然保护区里，估计有几千头之多。这种野牛的腿，一半是白色，它的肩高达1.8米，比家牛大得多，也重得多，平均每头1吨重，这种野牛，警惕性高，也十分凶猛，会主动向人进攻。这里大多数的野牛都习惯群居，它们在大草原上和竹子与树木的混交林里，成群地游荡。

这些野牛力气很大，在与老虎的斗争中，也能立于不败之地。因为它们实行择偶制，所以，它们的身体十分强壮。在一群野牛中，只有最强壮的公牛享有与母牛交配的特权。许多公牛为争夺一群之首而竞争，被击败的公牛，必须离开这个牛群而单独生活。当地人常把他们的家养牛赶到野牛栖息的山里去，给野牛提供与家牛交配的机会，繁殖出良种幼牛。

中国野象的最大种群也栖息于这里。野象是亚洲最大的陆生脊椎动物。一般体重5吨，身高2.7米。它是一种食草动物，食物种类非常广泛，几乎各种无毒的青草和树叶它们都吃。但是其主食，只有几种草、野香蕉和竹叶等。它们胃口非常大，每天要吃几百千克食物。为了吃饱，它们每天的大部分时间，都用于觅食，主要在凌晨、上午和晚上觅食。

野象的嗅觉十分灵敏，可闻到80米以外的气味。其鼻子十分灵巧，也很有力，能将几百千克重的圆木举起来，或者将一棵小树连根拔起，更不用说举起一个人了。

公象也为当象群之首而竞争。被击败的公象，也要离开这个象群，独自到处游荡，被称为“独身象”。独身象十分凶猛，随时准备战斗。除了独身象以外，其他的野象，都总是成群走动。象群的大小各不相同，从每群2头～3头或20头～50头不等。每个象群里，只有一头成年的公象。这头公象，与其他对手竞争，取得胜利后，才能成为这个象群之首。这个象群的其他成员，由母象和幼象组成。象群里那头唯一的公象，叫作“象群之首”，它负责保护这个象群的所有成员。作为这个象群的头目，在外出走动时，它总是走在象群的前面，四处张望，提防着可能遇到的威胁。一旦察觉到异常的情况，它就举起鼻子，作为向其他成员报警的信号。看到这头公象举起了鼻子，高度警惕的其他成员，马上分散为较小的象群，每群只有3头～5头象；然后，小心翼翼地跟在象群头目的后面，但也保持一定的距离，以便遇到危险时能迅速躲开。这里的野象，比印度动物园里的野象或家象凶猛得多。如果受到威胁或攻击，它们就用鼻子将敌人举在空中，然后突然扔在地上，将敌人踩成碎块。野象从不主动向人进攻，但是，当受到攻击时，它一定人反击。野象是热带森林里块头最大也最笨重的动物，没有天敌。在热带森林里，它除了怕火外，别的东西它都不怕。

野象有固定的行进路线。一群一群的野象，在西双版纳自然保护区里，沿着基本固定的路线，在这里的部分地区游荡。它们常到咸水池里饮水，并在水里洗澡、玩耍或休息。

随着栖息地的扩大和改善，野象这种受国家重点保护的一类动物的数量正在增加。现在，在西双版纳自然保护区里，要看到野象比以前要容易得多了。

这里的野猪，常侵入附近农民的猪圈，与家猪交配。其后代比家猪强壮，能翻越农舍的围墙，在猪圈外面到处游荡。

猴子常常成群结队在森林里走动，或在地上玩耍，但是，一看到生人，就爬上树去，跑得无影无踪。这里丰富的野果，给这里大量的猴子提供着充足的食物。

这里还有几种啮齿类动物和大量的爬行动物，共有63种，主要有飞蜥、巨蜥、各种蛇包括蟒蛇，一直栖息在这里。这里的大河、小河、湖泊和池塘里，盛产100种鱼。这里的1437种昆虫，占这个保护区里动物的绝大多数。从古代存活下来的热带蚂蚁是这里数量最多的昆虫。

5．古老的遗迹

西双版纳不仅具有非常美丽的热带景观、丰富的自然资源，而且也有丰富、闻名的古迹。由于傣族人是虔诚的佛教徒，所以，几乎每一个傣族村庄都有佛教寺庙。过去，有将近300座寺庙遍布这个地区。每个寺庙里，佛塔林立，展现出这个地区特有的景象。

大多数佛塔都是舍利塔，塔面上都涂以白灰，象征着佛祖的圣洁。这些塔都用砖砌成，由三部分构成——基座、主体和塔顶。这些塔形状各异，有正方形和多角正方形，带着尖顶的圆形，最为普遍。这些塔位置不同，排列讲究。有单塔独立，形单影只；有双塔成对，形状相同；也有数个佛塔，形状各异，组成塔群。最典型的一组塔群，是大勐笼佛塔，由8个9.1米高的小塔围绕着16.29米高的一座主塔组成。造型优美，风格别致。傣语将塔群叫作“塔诺”，意思是像竹笋一样的群塔。群塔矗立，远远望去，颇像一丛竹笋。

当地傣族人常去这些寺庙里。因为傣族人的大部分节日，都与这些寺庙密切相关。“赕帕”和“赕塔”，是两个最普遍的节日。“赕”是傣语，意为“奉献”。“帕”也是傣语，意指“和尚”。“赕帕”是为年轻小伙子们举办的节日。按照傣族的传统，在每年2月举行的“赕帕”仪式上，7岁～8岁的男孩，由父母送到当地的寺庙里去，学习文化和佛教知识。只有具有文化和佛教知识的男人，才被认为是有教养的人，才有资格在这个地区得到社会地位。

“赕塔”是为了美好的将来而对佛祖做出奉献的一个节日。每年10月下旬或11月上旬，所有的寺庙和佛塔都张灯结彩，披绸挂花；佛像面前摆满了蜡烛、水果、点心和糖果等各种各样的供品，均为佛教徒的奉献。从清晨到黄昏，所有的村民纷纷出动，来到这些寺庙里或佛塔旁。在那里，他们一边绕着佛塔行走，一边背诵佛经，祈祷吉祥如意和幸福安乐的未来，气氛热烈，场面壮观。白天的仪式，主要由中年人和老年人参加。但是，到了夜晚，年轻的小伙子和姑娘们则兴高采烈，喜气洋洋地聚集一起，用各种方式，互相表示爱慕之情。

八角亭高15.42米，宽8.2米，屹立于勐海市西边，是1701年由古代傣族佛教徒们按照释迦牟尼帽子的样式修造而成的。在雨伞形的亭顶上或者说帽顶上，有网状哨眼，风一吹动，就发出哨声。释迦牟尼是佛教的奠基者，一直受到佛教徒们的崇拜。这座佛亭，建造精致，秀丽和谐，表现了古代傣族佛教徒的建筑艺术。西双版纳自然保护区里，居住着9个中国少数民族。当地傣族人的村庄，都掩映在风景如画的椰林之中。村里两层的竹楼，鳞次栉比。这种竹楼，是当地傣族人传统的、独特的房舍。正方形的竹楼，由数十根粗大的木柱支撑于两三米高的空中，四面敞开，没有围墙。当地人将这种小楼叫作“空中楼阁”。楼上用作卧室、起居室和厨房，楼下堆放着烧柴、农具和其他东西，也是狗和鸡的窝棚。

这里的大部分人都是佛教徒，在佛教寺庙里举行佛教仪式。这些寺庙，分布各地。寺庙周围，环绕着数百座佛塔。

大米是当地人的主食。他们在饭锅里将大米煮熟，或将大米装在竹筒里，在火上烤熟，米香与竹香融为一体，香气诱人。竹舍周围，云南石梓树比比皆是。这种树高大挺拔，金黄色的花朵芳香扑鼻，其花粉别有滋味。

每年4月，当地人举行一年一度的节日，叫作“泼水节”。它是这个地区人们最喜闻乐见的传统节日，历时一周。节庆上，有民族舞蹈表演、手工艺品和食物展卖；来自四面八方的手艺人，表演着拿手的技艺。节日期间，男女老少都往对方身上泼水，表示对对方的良好祝愿，也是最兴高采烈的娱乐。每个傣族家庭都用云南石梓的花粉、糯米和白糖做出特别的甜食——布丁。年轻的傣族姑娘们，穿着华丽的裙子，头上戴着美丽的首饰，腰里系着银制的腰带。

已婚的女子，将她家门上的钥匙挂在腰带上，表示她已结婚了。这个节日，为年轻小伙子和姑娘们寻找心上人或与心上人相会，提供了极好的机会。

除了泼水节之外，在澜沧江上赛船，也是这个地区另一个传统的表演，非常热闹，吸引着许多村民出来观赏。

西双版纳自然保护区景色极其宜人，风光无限美好，无与伦比，十分迷人。秀丽的山峰上，热带森林四季常青，浓荫翠盖，郁郁葱葱。湖水河水，清澈碧绿，波光粼粼。小山丘陵，绿意盎然。茂密的森林上空，云雾缭绕。山谷壁上，布满了斑驳的地衣。山洞和岩石上，长满了蕨类植物。常绿的灌木，沿路而生，遮掩着弯曲的小径。

这里各种各样的美景，使观光者着迷。许多地方适合短途步行，因为步行可看到更优美的天然美景。当人们正陶醉于这些美景，心情激动时，一阵霏霏细雨，使这里的雨林更加迷人。置身于此，莽莽荒野之感，油然而生。城市的嘈杂和喧闹，已被抛于九霄云外了。

中国西南部面积最大的热带原始林，在这里生长茂盛，展示着一个宁静幽寂、与世隔绝的世界。森林、苔藓、蕨类植物和流水声，湮没了所有的噪音。鸟儿叫声不断，叽叽喳喳，小溪潺潺而流，雨点滴滴答答，构成热带雨林里曲调特别的合唱。在这宁静的森林里，漫步游荡，会给你在这里愉快的旅游增添另一方面的美感和快乐。壮丽的景色，展现在你的面前。这里春天和秋末的气候，十分宜人。夏季的白天，突然大雨滂沱，气候十分潮湿，烈日当头，气温升高，不适宜游览。但是，如果你带着防虫药剂和防晒油，做好充足的保护措施的话，这里的夏天，也很美丽。你可在这个游人很少、不太拥挤，森林、小山和河流密布的世界里，尽情欣赏。

你可以单独行动，或参加由一位自然工作者引导的旅游组，游览西双版纳自然保护区。水晶般清亮的河水、湖水和池水，会为你提供钓鱼、划船和游泳的机会。游览寺庙、佛塔和傣族村庄，也很有趣。但是，你需要具备一定的历史知识，并且了解当地人的生活习惯和风俗。在西双版纳自然保护区里及其周围，有比较舒适的旅店，提供过夜设备。各种各样的热带水果和当地的食品，都别有滋味。

6．对保护区的保护性研究

这里丰富的热带森林类型和种类丰富的生物物种，都是从数百万年前，在这里发生的第三纪冰川袭击中幸存下来的。而且，在当前世界上天然生态系统不断遭受破坏、自然环境日益恶化的情况下，大量的原始珍稀物种却在这里受到较为良好的保护。所以，这个保护区也被称为“当代珍稀动植物的庇护地”。西双版纳的森林，虽然在几十年前也遭受过大量的破坏，但是，在最近几十年里，这里的珍稀生态系统，被列为国家保护的优先项目。西双版纳自然保护区于1981年建立后，就受到国家的保护，经历了天然生态系统的改良，使过去正在减少的珍稀物种得到恢复和增长。

西双版纳自然保护区在其主要保护地区里已经建立了核心区，对所有的物种实行严格保护，并进行科学研究；还建立了若干缓冲带对外开放，允许在其中开展某些生产活动。目前，其他一些保护区人为的压力很大，当地的农村居民，强烈要求在缓冲区里利用自然资源，特别要求开展放牧和采集烧柴。而这里的核心区则没有这种压力。

1992年，在主要布满望天树的山上，建造了一座吊桥或者叫空中桥梁，2.5千米长，50米高。这座桥悬挂在茂密的原始森林上空，目的在于观察和保护这里的原始森林生态系统和栖息于这些森林里的种类繁多的珍稀动物。此外，从1997年以来，在全区范围内永远禁止狩猎。

在西双版纳自然保护区里，开展了多项科学考察，也曾开展了一系列的科学研究项目。例如，有控制地进行野生植物的繁殖和驯化，以生产经济价值高和用途较广的野生植物，为营造不同类型的热带林而实验建立不同规模的保护区，并试种不同数量的树木，以保证更有效的保护等。在与美国的合作下，为了开展空中观察，在这里建立了架空索道。1958年，在葫芦岛上创建了一个热带植物园，并为研究而栽植了1000多种热带植物。因此，西双版纳已经成为中国最重要的热带研究基地，也是世界上主要的热带研究地区之一。

在西双版纳自然保护区的发展过程中，也存在着越来越多的问题。当地人传统的耕作方法，对自然资源的不合理开发，发展旅游业和偷猎，都使这里脆弱的热带生态系统不断恶化，给自然资源造成日益严重的破坏。这些问题，已经引起了很多相关部门的注意，政府部门为解决这些问题也采取了一些措施。

第十二章

西藏自治区的自然保护区

一、珠穆朗玛峰自然保护区

1．世界上最高的自然保护区

珠穆朗玛峰像一座巨大的金字塔，是地球上最高的山峰，沿着中国和尼泊尔边境，屹立在喜马拉雅山群峰之间，雄伟庄严，高耸无比。至高无上的珠穆朗玛峰，巍然耸立在珠穆朗玛峰自然保护区内，海拔高达8844.43米，使这个保护区成为世界上最高的自然保护区之一。它苍茫浩瀚，面积为33900平方千米，是中国目前第二大的自然保护区，比位于新疆面积为45000平方千米的阿尔金山自然保护区略小一些。珠穆朗玛峰周围，高峰林立，群峰刺天，巍峨壮丽，莽莽苍苍，终年冰雪覆盖，其中数十座高峰海拔高达7000米以上。最显著的是它南边的洛子峰（海拔8507米）、东边的马卡鲁峰海拔（8470米）、西部的卓奥友峰（海拔8153米）和希夏邦马峰海拔（8027米），都是世界上海拔超过8000米的高峰。珠穆朗玛峰这座喜马拉雅山中的庞然大物，以其撑天盖地之势，压倒群峰。在这片自然环境保持原样的荒野上，顶天立地，直指苍穹，高耸于周围群峰之上。清晰而惊人的峰顶，高入云霄，展现出使人敬畏、激动人心也给人以鼓舞的景象。虽然峰顶稀薄的空气中缺乏氧气，而且没有生命。

在地形上，珠穆朗玛峰自然保护区由喜马拉雅山地和藏南高原宽谷盆地所构成。在数百万年以前，当地球上的造山运动，在亚洲抬升出大量的高山，在这里造起这些高峰时，珠穆朗玛峰也像喜马拉雅山其他的部分一样，被塑造了起来。风雨冰雪长期不断地侵蚀雕凿，将这些高峰塑造成现在的形状。其后剧烈、强大的高山冰川活动，进一步对这里的高山雕刻切削，造成了大量峻峭的山峰和深邃的峡谷。漫长、巨大的震荡，使珠穆朗玛峰自然保护区南部的土地隆起，也塑造了一批海拔8000多米高的山峰。在温暖的季节里，冰雪覆盖着这些雄伟的山峰，在蔚蓝的天空中闪闪发亮，是这里常见的景象。同时，这个保护区北部的断层陷落，形成了宽阔的峡谷和广阔的盆地。这些地质变化，造成了这里海拔高度明显而悬殊的差异。珠穆朗玛峰的古龙瀑布海拔高度的悬殊差异，造成雅鲁藏布江支流密集，伸展漫长。雅鲁藏布江是西藏北部最大的河流。这里大量的河流，随着喜马拉雅山的升高而升高，又随着喜马拉雅山的下降而切割下降，创造出许多壮丽的深谷。因此，其北部植被茂密，河流密布，闪闪发亮。河流通过盆地和峡谷蜿蜒而流。河流两岸，布满了葱绿的田野、沼泽和草原，当地人在这些田野、沼泽和草原上，放牧成群的牛羊。

珠穆朗玛峰的古龙瀑布

2．保护区的美丽冰川

在夏季，珠穆朗玛峰上总是白雪皑皑，或者云雾缭绕，模糊不清。在寒冷的季节里，由于强风劲吹，气温极低，雪被压缩成冰，形成冰川。因此，喜马拉雅山上覆盖着大片的冰雪，构成现代活冰川的巨大中心。珠穆朗玛峰及其周围高耸的山峰上，冰川面积最大，也最

鸟瞰珠穆朗玛峰

集中。其峰顶及其高坡上，都覆盖着雪白的活冰川，闪闪发亮，是珠穆朗玛峰自然保护区主要的吸引力。几大片冰川从峰顶分散开来，向坡下蔓延，布满山坡，也覆盖着周围崎岖的峡谷。绒布冰川是这里几片大冰川中最大的一片，延伸22.2千米，冰舌平均宽1.4千米，覆盖面积为86.89平方千米。大多数的冰川，从5500米～6000米的雪线上向下流动，末端高度一般为5000米～5250米。

珠穆朗玛峰地区，冰川地貌发育良好。在冲刷山麓、形成冰斗、凿出“U”形槽谷和侵蚀谷底方面，起到很大的作用，形成独特的地貌。珠穆朗玛峰是一座金字塔形的山峰，也由冰川侵蚀凿磨而成。在其南部，散布着许多冰川湖和冰碛台地。科学考察表明，在第四纪里，这里至少发生过四次冰川活动，创造了喜马拉雅山的冰川地貌。在海拔5100米～5400米之间的冰塔林地形，形状各异，千姿百态，有冰塔、冰桌、冰柱、冰桥、冰芽、冰墙和冰洞等，是珠穆朗玛峰自然保护区著名的、迷人的景观之一。

3．奇特的生态系统

在喜马拉雅山南面，河流的侵蚀创造出一片辽阔湿润的山谷，抚育着一片湿润的山地森林生态系统。这些山坡的特征是高山森林此起彼伏，展现着垂直的天然森林带。从谷底到山顶，分布着茂密而令人敬畏的生态系统：山地亚热带常绿和半常绿阔叶林带，主要树种为刺栲和薄片青冈；山地暖温带常绿针阔叶混交林带，主要树种为云南铁杉和高山栎；亚高山寒温带常绿针叶林带，主要树种为喜马拉雅冷杉；高山亚寒带灌木丛和草甸带，由多种杜鹃和圆柏等组成；高山亚寒带冰缘植被带和高山寒带冰雪带，由稀疏的灌丛和草本植物组成，在海拔1400米～4000米之间，可看到从亚热带到寒温带完整的自然景观。这些壮丽的森林，人迹罕至，尚未开发，茂密葱茏，浓荫翠盖，河流与小溪密布其间。在这阴暗茂盛的森林中，灌木丛生，没有道路。拨开灌木，开路而行，就是一种特别的经历和有收获的探险。

喜马拉雅山的北面，覆盖着4种半干旱灌丛草原生态系统，即高原亚寒带灌丛草原、高山亚寒带草甸、高山寒带冰缘和高山冰雪带生态系统，由稀疏的植物组成。

这种复杂的地形产生了各种不同的气候，在不同地区，气候各不相同。在其南部，由于典型的高山和峡谷地形，也由于受印度洋温暖湿润气流的影响，这里具有温暖、湿润和多雨的山地季风气候。在其北部，由于位于喜马拉雅山中部，具有宽阔的峡谷，湖泊和盆地遍布各地，因而这里的气候是典型的寒冷和半干旱高原大陆性气候，具有典型的西藏高原和喜马拉雅山的明显特征。

珠穆朗玛峰自然保护区具有喜马拉雅山独特的植物区系，拥有种类繁多的植物，共有2348种维管束植物。珠穆朗玛峰自然保护区最显著的生物特征，是具有多种受国家重点保护的物种，其中包括长叶云杉、喜马拉雅红豆杉、喜马拉雅红杉和西伯利亚刺柏。

珠穆朗玛峰自然保护区的参天巨树非常丰富，为喜马拉雅山所特有。它们雄伟壮丽，树干通直。曼青冈和薄片青冈高耸入云，高达数

美丽的小野花

十米，直径达1.3米，在树下走动的人都变得像是矮小的侏儒。喜马拉雅铁杉，高达60米，伸入蓝天，使其周围的其他树木都显得十分渺小。根据化石的测定，这种硬叶常绿阔叶林，是古代地中海气候中的典型植被。早在新生代，当青藏高原还处于古地中海时，这种森林就已在此生长，已经幸存了数千万年之久，现在，在海拔4000米的山上，仍然茁壮成长，成为世界上的一个奇迹。茂密的原始森林，大片布满矮小灌木丛的高山苔原和高山草甸，覆盖着喜马拉雅山的南坡。

到了6月，火红的高山杜鹃花盛开，覆盖林地，也使山坡变得靓丽。在这个季节里，还可以看到更多的野花。

珠穆朗玛峰自然保护区也是种类繁多的野生动物的家园。这里野生动物的种类多得惊人，共有278种。其中兽类53种，鸟类206种，两栖类8种，爬行类6种，鱼类10种。这里有许多珍贵稀有和濒危的动物，包括长尾叶猴、雪豹、藏野驴、黑颈鹤、棕熊和喜马拉雅棕尾虹雉。这些动物中，有些动物只在这里才能看到，而且，由于它们的稀有性、珍贵性和濒危的处境，已被列入了《国际濒危物种禁止贸易公约》和《受绝对保护的物种国际红皮书》。雪豹是中亚特有的一种动物，在珠穆朗玛峰自然保护区里，有着最大的种群，因此，被确定为该保护区的标志。

珠穆朗玛峰自然保护区是一片辽阔的荒野，不仅有高耸的山峰和广泛分布的冰川，而且也有平静的湖泊和纵横交织的河流。佩枯错湖镶嵌在希夏邦马峰脚下，总面积为300平方千米，是珠穆朗玛峰自然保护区里最大的高原湖泊。这个湖泊由地壳下陷而形成，湖水来自周围山峰上冰川融化的冰水。湖水呈碧蓝或深绿色。水面一会儿平静，一会儿在暴风雨的袭击下，泛起波纹。在温暖的季节里，湖水闪烁明亮，景象变化无穷。湖上晴朗的蓝天和周围冰雪覆盖的峻峰，都清晰地倒映在平静的湖水中。湖光山色，相映生辉，格外妩媚。湖的周围，环绕着茂盛的草地和沼泽地，青草如茵。数个小岛，点缀其中。黑颈鹤等成群的鸟儿常来岛上，成群的藏野驴和藏羚羊在湖周围游荡，寻找食物。

藏野驴是这里常见的哺乳动物。它们经常成群地出来活动，每群有60头～200头，甚至更多。它们总是一头跟着一头，步伐整齐地一齐奔跑。当它们飞奔而过时，地面上尘土飞扬，发出特殊的噪声。

4. 漂亮的旗云景观

在雄伟的珠穆朗玛峰峰顶周围，经常出现巨大的旗状云团，这就是著名的旗云。这些旗云，是一种古怪的自然奇观，使游人迷惑不解。实际上它们是在特定的自然条件下，气候和地形相互作用的结果。珠穆朗玛峰上部的大部分地方，由于经常狂风大作而没有积雪，而且，在海拔7000米冰川区以上的大部分地区，冬天都布满了裸露的深褐色的岩坡和碎石。白天的时候，这些深色岩石的表面，吸收大量阳光的辐射热，形成显著的上升气流。这些上升的气流，将海拔7000米附近的冰雪升华成水蒸气，并将这些水蒸气带到高空，为这些旗形云团的形成，创造了水分条件。珠穆朗玛峰的高度，正是这些水蒸气凝结的高度，为这些水蒸气的凝结提供了有利的条件。这些水蒸气被正在上升的气流带到高空，然后，在峰顶附近凝结为云。在强风的帮助下，就出现了许多旗云，挂在峰顶。这些旗云，通常只是在天气晴朗的下午，出现较短的时间。除了这些旗云以外，这里的云团，还有几十种形状，出现在珠穆朗玛峰上。这些奇形怪状的云团，变化无常，极易引起游人的兴趣，吸引着游人驻足仔细观望。

5. 珍贵的历史文化遗迹

珠穆朗玛峰自然保护区里，保存着大量的自然历史和文化历史的遗迹。例如，古生代到中生代以及第三纪遗留下来的地质剖面；古代植物的化石；新石器和旧石器时代的遗留物；公元7世纪建造的古庙，特别是绒布寺，是世界上海拔最高的寺庙；8世纪吐蕃王朝的古墓；西藏式的古长城残迹；还有9世纪～11世纪期间建造的古城堡等，都是这里珍贵特有的古迹。

珠穆朗玛峰自然保护区是世界上独特的地区。其目的在于保护世界最高峰的自然景观、周围海拔高度超过8000米以上的高峰、原始森林生态系统和多种珍贵稀有的生物物种。在经营管理上，它由三部分构成：核心区（包括科学保护区和绝对保护区）、科学实验区（即缓冲带）和经济开发区（也叫外围区）。核心区起着庇护地的作用，拯救和保护珍贵稀有和濒危物种，也是研究基地，探索生物资源永续利用的途径。为了达到这些目的，有7个核心区遍布全保护区。

科学实验区起着缓冲带的作用，分布于核心区的周围，以保证核心区不受人类的破坏。经济开发区占珠穆朗玛峰自然保护区总面积的48%，该保护区70%多的人口居住在这里，是保护区政治、经济和文化的中心，为政治、经济和文化的发展提供机会。管理办公室和服务中心都设在这里。

珠穆朗玛峰自然保护区在科学研究方面，发挥着巨大的作用。在自然科学方面，它适合研究喜马拉雅山南部半湿润山地森林生态系统的结构、功能和演化及喜马拉雅山北部半干旱高原上的灌木草原生态系统。

在生物科学方面，珠穆朗玛峰自然保护区在研究世界高山生物和生物群落的起源方面具有很大的意义，包括这些生物对极其恶劣的环境的适应性，以及环境变化对生物物种变异及演化的影响。

在地质科学方面，珠穆朗玛峰自然保护区提供关于喜马拉雅山和青藏高原在过去亿万年中演变的重要资料，也是研究地质变化和开展许多重要的地质项目极好的基地。

在地理科学方面，它是喜马拉雅山中，研究世界自然地理带的地区特征的关键地区，也是研究高山和高原地理的最好地方。

在环境科学方面，珠穆朗玛峰自然保护区是除了南极和北极以外，世界上最清洁的地区之一，受到人类的影响最少。这里的大部分地区仍然未受人类开发的破坏。用于农田、花园、交通运输、工业和居住区的土地，只占西藏土地总面积的0.53%，这就保证了一个清洁的环境，空气和水不受污染。因此，这个地区适合监测全球气候和环境污染，为监测由于二氧化碳的浓度日益增加而引起的温室效应对环境的影响，可将此地作为科学基地供科学家进行研究。

最近，一些中国科学工作者在珠穆朗玛峰上，为了监测这里臭氧的含量而释放了一个巨大的空气监测气球。监测气球在海拔3.2万米的高空得到的资料显示，现在这里空气中的臭氧含量，比过去几年里的臭氧含量有所下降。这说明，在珠穆朗玛峰地区，地球气温的不断升高，已经减少了这里的臭氧含量。受全球气候变化的影响而引起的环境变化，在青藏高原上也已发生了。在社会科学方面，这里丰富的历史遗迹和文化遗产，为研究西藏的历史、宗教和文化，提供着宝贵的资料。

二、墨脱自然保护区

1. 独特的气候

墨脱自然保护区位于西藏南部，面积为626.2平方千米。墨脱自然保护区是一个地形和气候变化非常不同的地区。在这个保护区里旅行，你会从热带走到寒带，或者说，从中国热带的海南岛，走到北极。在这里，你可以看到热带和寒带之间完整的生物和生态系统。这个保护区位于中国热带北缘，由于特殊的地理位置，产生了世界上最北的热带生态系统。

墨脱复杂的山地地形，在这个保护区里形成非常鲜明的对比。从西南部的河谷，到西北部的南迦巴瓦峰，只有45千米的距离，但是，海拔的高度却从600米左右上升到7756米。这种低海拔和高海拔之间的悬殊差异，产生了范围非常广泛的植物。在只有几十千米大的一块地方，却拥有北半球湿润地区几乎所有的主要植被类型。

2. 原始森林生态系统

“墨脱”是西藏语，意为“花朵”。实际上，这里丰富的植物和动物区系，以及保存完好的原始景观，使这块地方成为一个巨大的、多彩多姿的天然植物园，这个美丽的名称名副其实。

壮丽的热带景观，覆盖着海拔800米以下的河谷地区。这里的香蕉林和野柑橘林高大挺拔，苍翠秀丽，遍布村庄周围。河流或小河湾环绕在翠绿的稻田边和西藏式的农舍旁，展现出一幅极美的原始田园景色。沿河两岸的山坡上，由种类繁多、高大蓊郁的常绿阔叶树组成的原始热带林莽莽苍苍，一望无际。在这里，最常见的是千果榄仁、西南紫薇、天料木和其他许多树木。这些树木，树干高大挺拔，树皮光滑，呈灰白色或者灰褐色，树的基部长着板根或气根。

在海拔2400米的山上，布满了山地亚热带常绿阔叶林。许多古老的植物物种，在这些森林里占据优势。最常见的植物是针叶树罗汉松和穗花杉；木兰科、樟科和五加科等阔叶树，都是历史悠久的植物。种类繁多的速生树和珍贵的树木，在这里生长茂盛。以乔松为例，它在22年里，可高达21米，直径可达32厘米，能生产优质有用的木材。林地上覆盖着茂密的灌木和草本植物，其间点缀着茂密的刺竹林。刺竹的竹节上，长满了刺，是这里的特有品种。

在海拔2400米～3800米之间的山上，覆盖着暗针叶林。阴暗潮湿的森林里，针叶树占多数。铁杉的树枝扁平下垂，其高大挺拔的树干上，布满了苔藓和其他附生植物，十分醒目。

墨脱自然保护区以其速生和高产的针叶树而闻名。这些树木通常高达40多米，直径达70厘米左右。其中有些树木，长得更高更粗，必须几个人手拉手，才能将一棵树围起来。这些树木，高耸入云，构成摩天森林。其交织的树冠，构成浓荫华盖，遮天蔽日。这些巨大的树木，使其周围其他的树木都显得矮小了。当你站在这个宁静幽寂、十分阴凉的森林世界里举目仰望，你会看到，由绿色树叶组成的华盖，常常笼罩在飘浮的云雾里；你会感到，在这片森林外面，除了喜马拉雅山以外，其他挺直矗立的任何东西，都变得渺小了，只有鸟的歌声和风的呼啸声，打破这片森林的静寂。这些巨大树木的珍贵木材，可用于建筑和做家具，也为造纸工业和纤维工业提供良好的原料。

各种野花布满林地。鲜红的杜鹃花，是这个保护区里各种野花中色彩斑驳的明星，花色灿烂，艳丽妩媚。有些野花像树木一样高大；而有些野花却很低矮，沿着地面匍匐而生；也有些野花，叶子直径可达半米大；还有些野花的叶子，却细小而有茸毛。

墨脱自然保护区植物景观

在海拔3000米～3800米之间的山上，亚高山针叶林代替了其他树木。其主要树种是冷杉和云杉。它们茂密的华盖，浓荫蔽日，为多种蕨类、苔藓和箭竹的生长，提供了阴暗潮湿的条件。

在海拔4700米的高山上，由于气候更寒冷，辐射更强烈，雨量更少和风力更强，高山灌丛和高山草甸代替了森林，杜鹃花和柳属的多种植物，是这里高山灌丛中主要的植物。但是，恶劣的自然条件使它们变得十分矮小了。有些柳树只有30厘米～40厘米高。有些灌木长长的枝干匍匐在地面上，其茎秆只有10厘米高，甚至更矮。

为了适应更恶劣的自然条件，这里的高山草甸植物茎秆更矮，具有像草一样长着茸毛的叶子和发达的根系。在海拔高的地方，强烈的辐射将这些植物的花朵涂染得更加鲜艳。鲜红的杜鹃花、报春花，金黄色的虎耳草、毛茛，深蓝色的龙胆，白色的点地梅、火绒草和许多其他的野花，都开得色彩缤纷，非常艳丽，展现出一片令人激动的锦绣，从高山草甸带向上，高山上常年白雪皑皑，使高等植物无法生长。然而，在最寒冷的地区，在光秃秃、几乎没有土壤的岩石山上，却有将近100种植物生长茂盛，令人惊奇。雪莲花是一种耐寒的植物，在雪线下开着白花，是这里最为突出的野花。从远处看去，很像白色的雪兔停在山上。还有其他许多野花，也在岩石之中茁壮生长。这些高山植物中，药草丰富。雪莲花可治疗支气管炎、风湿病和某些妇科疾病。还有一些药草，可治疗许多其他疾病。

墨脱拥有大量的珍稀植物，包括20多种濒危植物。种类繁多的热带药用植物，有些可治疗心脏病，还有些可预防疟疾。这个保护区有着丰富的油料植物、极好的纤维植物和淀粉植物，适用于造纸工业和制造家庭用具。

3．各种各样的野生动物

墨脱处于特殊的地理位置，它不仅由于拥有种类繁多的南亚热带和北极的植物，也因为有南方和北方的多种野生动物而十分著名。它为这些野生动物提供着独特的栖息地，包括42种受国家重点保护的珍稀野生动物。鹿经常出来活动，早上和晚上，在公路边、小径旁和小河湾里，可看到鹿。夏季，它们在草地上吃草；秋季，它们在橡树下闻来闻去，寻找橡树籽；冬天，它们栖息在常绿树低垂的树枝下。

在海拔3000米以下的山区和河谷里，栖息着大量亚热带和热带的野生动物。其中有云豹、大灵猫、果子狸、野猫、苏门羚、毛冠鹿、熊猴、猕猴、小熊猫、长尾猴和豹子。许多亚热带和热带的鸟栖息在森林里，主要有蓝颈花蜜鸟、红嘴相思鸟、点斑鸽和其他许多鸟。

还有几种寒温带的动物，也在这里海拔3000米以上的高山森林里或草地上游荡，包括雪豹、岩羊、猞猁、野牦牛、野驴、藏羚、藏旱獭等。这个保护区里，鸟类丰富。藏马鸡、藏雪鸡、红腹锦鸡和血雉，都是受国家保护的珍贵鸟类。猫头鹰、老鹰和啄木鸟，都是常见的鸟类。松鼠在林地上轻快活泼地跳来跳去，野猪到处游荡，几种毒蛇在这里爬行。河流和小河湾里，盛产各种鱼类。

野牦牛是一种反刍动物，栖息于海拔4000米以上的草地上。它黑色或棕色的毛，长达50厘米，使它在青藏高原上的严寒地区能保持温暖。它喜欢成群地走动，每群有几十头甚至上百头。当它们吃草或休息时，这个牛群中的一头到两头牦牛，会在这群牛的周围走动，保持高度警惕，瞭望是否有对它们有威胁的东西。发现有危险，它们就给这群牛发出警告的叫声。这群牛听到警告后，都立即聚集在小牛的周围，身体相抵，头向外聚集成圈。当敌人接近它们时，它们都低下脑袋，用牛角攻击敌人。牦牛能坚守阵地，即使受了伤，也仍然坚持战斗，向敌人猛烈进攻，直到敌人仓皇逃跑为止。

野牦牛善于爬山，是很好的运输动物。经过当地人的驯服和饲养，就成为一种很好的运输工具了。

野牦牛是从史前时代幸存下来的。早在第四纪以前，它就遍布世界许多地区，包括中国华北和内蒙古以及欧洲和亚洲的某些地方，因为在这些地方曾经发现了野牦牛的化石。但是，此后由于气候和其他自然条件的变化，野牦牛栖息地不断缩小，使其数量减少到目前很少的数目。现在，只有在中国的青藏高原和靠近克什米尔的地方，才能看到。因此，中国将这种野牦牛列为国家一类保护动物。

藏马鸡一般体重2千克～3千克，几乎和家鸡一样重。它喜欢群居，每群有数十只到近百只，由一只个头肥大并且羽毛漂亮的公鸡作为一群之首。白天它们在森林里或者草地上觅食，夜晚栖息在树上。在下蛋期里，一只公鸡和一只母鸡离开鸡群，共同居住。一只母鸡每年可下蛋野10枚左右。鸡窝由这对公鸡和母鸡用苔藓、树枝、野草和羽毛共同筑起。当母鸡孵蛋时，公鸡给母鸡供食。在小鸡孵出以后，这对公鸡和母鸡就带着它们的小鸡，一起回归鸡群。

猴子的习性，也很有趣。这里的猴子，都成群地生活，而且有它们自己的地盘。如果一条蛇侵入这群猴子的地盘，在猴子与蛇之间，就会发生一场激动人心的战斗。在战斗开始之前，这群猴子的首脑，会在蛇的周围进行十分仔细的侦察，然后，召来5只～6只猴子，商讨战斗计划，并具体分工。接着，每只猴子走上自己的岗位，等待进攻的时机。突然之间，猴群的首脑发出一声尖叫，作为战斗开始的命令。其中一只猴子带头向那条蛇猛冲过去，凶猛地抓住蛇的脖子。同时，其他的猴子也都一拥而上，来到蛇的身边。每只猴子牢牢地抓住蛇身的一块，咬下一块肉，立即跑开。到了这条蛇只剩下头部时，站在高处、指挥战斗的猴群首脑，就宣布战斗结束。抓着蛇脖子的那只猴子，只有在听到其首脑发出结束战斗的命令时，才放开已被咬掉的蛇头扬长而去。这群猴子经常用这种突然袭击的办法，战胜它们的敌人，这是它们击败侵入者的一种特殊的策略。

墨脱自然保护区建立以后，已使这里濒危动物的数量有所恢复，并有增长。老虎从这里消失了很长时间以后，现在又回到了这个保护区。

高耸的山峰和茂盛的森林，使墨脱自然保护区的土地更加优美。弯弯曲曲的河流和小河湾，分布在山峰和森林之间。河流两岸，布满了欣欣向荣的农田。春天和夏天，农田上长满了金黄色的油菜花和向日葵，使农田一片靓丽。这里的确是一片美丽的田园风光，是盛产鱼、米、牛奶和蜂蜜的鱼米之乡，也是远离外面嘈杂世界的世外桃源。现在，其他许多保护区正在遭受着人类的压力，但这里却没有这种压力。墨脱自然保护区仍然保持着荒野和原始状态。这里最使人感到舒适之处，是其宁静幽深。在这个保护区的许多地方，不管你走在何方，可能整天都见不到一个人。

墨脱自然保护区保存着中国热带和寒带之间完整的生物和生态类型，提供着在这种独特的地理位置上一个特有的天然基因库。这是一块非常宝贵的研究基地，可供研究在这块世界上稀有的地区里特有的生物和生态。这里复杂的地形和各种大不相同的原始景观，为欣赏这片保存完好的自然美景，提供了一片极佳的胜地。但这种胜地，在全世界越来越少了，这不能不引起人类的注意。